# 马斯洛需求层次

- 自我实现
- 尊重
- 社交
- 安全
- 生理

- 人们需要动力来实现某些需求，而有些需求总是优先于其他需求。
- 马斯洛表示，需求大致可分为五层——生理需求、安全需求、社交需求、尊重需求和自我实现需求。
- 需求总是由低到高逐级形成并得到满足的。

## 可应用范围广泛

| 层次 | 消费市场 | 团队管理 | 日常生活 |
| --- | --- | --- | --- |
| 自我实现 | | | |
| 尊重 | 身份感 | 职称 | 要面子 |
| 社交 | 款式 | 归属感 | 要朋友 |
| 安全 | 质量 | 薪资 | 有钱赚 |
| 生理 | 保暖 | 996 | 有饭吃 |

## 一些例外

**需求量差** 每个人的每个层级的需求量有很大不同，有人敛财不够，有人吃不够，有人控制感情。

**层次跳跃** 有人会有跳跃满足，不需要中间层，只想要更高层，比如，饿肚子的艺术家、卖掉房子的旅行者等。

**一行多需** 有人一个行为会有多种需求，比如，上班打工为钱，也会要点面子，也要环境舒适度等。

**居高不下** 低层次需求满足度下降后，有时也不会影响有些人对高层次需求的持续追求，比如，医护人员和志愿者等。

## 评价

人类的复杂程度总会超越理论的描述，马斯洛需求层次理论也不例外。然而，用于研究人的整体普遍性，该理论还是非常有参考价值的。

# 五遍沟通法

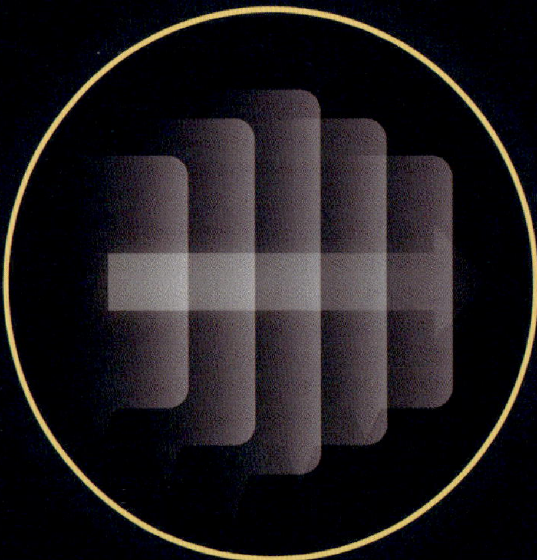

Model In Circle

Model In Circle

# 五遍沟通法

**T1** 交代陈述

**T2** 确认听懂

**T3** 为啥要干

**T4** 出事咋办

**T5** 你想咋干

① **说明：** 据说有一家日本企业，为了提升沟通准确度，避免信息偏差，领导给员工交代工作任务时，一般需要交代五遍。

第1遍，交代清楚事项；

第2遍，要求员工复述；

第3遍，和员工明确事项目的；

第4遍，和员工探讨应急预案；

第5遍，让员工提出个人见解。

② **优劣：** 可以对重要事项的交代提高信息准确度，但同时也会降低日常工作的效率，所以这种沟通方式需要酌情选用。

③ **取舍：** 在以下情况下，可以使用五遍信息沟通方式。
1.重要而不紧急的；2.失误代价大的。
在求快的情况下，需要辩证地使用悟式沟通，效率更高。

④ **悟式沟通：**

特指交代次数少，交代不细致的抽象沟通方式。去掉管理者自身能力限制情况，悟式沟通也有一定的实际作用。

① 速度快、效率高

② 筛选理解力

③ 考查观察力

④ 观察临场反应

⑤ 考验独立决断力

⑥ 检验业务熟练度

# 国军标六性

Model In Circle

# 国军标六性

## 可靠性

含义　用着不坏

产品具备在规定条件下完成规定功能的能力。

职场　专业靠谱

稳定发挥 / 不掉链子 / 持续输出

## 测试性

含义　知道好坏

能及时准确地确定产品的状态，并隔离其内部故障的能力。

职场　及时反馈

工作看得见 / 干了多少 / 多久干完 / 状态差，不硬撑 / 反馈需求

## 维修性

含义　坏了好修

产品在实施维修行为后，具备保持或恢复功能状态的能力。

职场　调整恢复

应急预案的准备 / 自身状态的调整 / 让工作重新回归正轨 / AB岗

## 适应性

含义　哪儿都能用

产品在各种环境下，都能实现预期功能和不被破坏的能力。

职场　适应变化

变化是工作的一部分，适应变化也是工作能力的一部分。

## 安全性

含义　用着放心

产品有不导致人员受伤、系统毁坏、财产损失或危害环境的能力。

职场　愉快合作

让协助配合的伙伴感到满意，成功了一起沾光，出问题不推脱。

## 保障性

含义　越用越多

产品的设计特性和相关保障资源，可满足战时使用要求的能力。

职场　紧急应对

爆发力/可复制套路/协同资源/批量解决/扁平化/模块化/流程化

Model In Circle

# 10 10 10 旁观思维

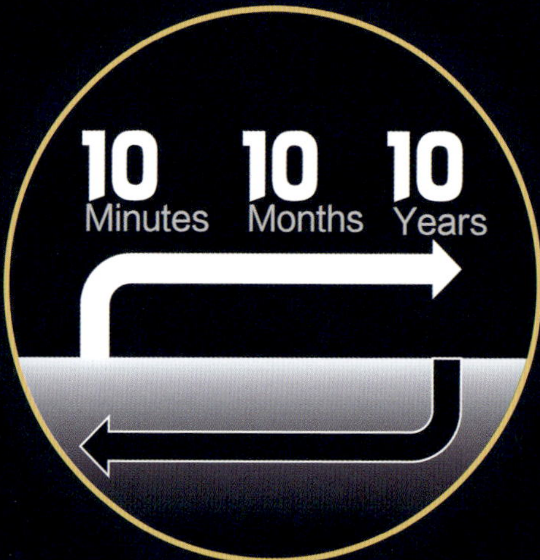


Model In Circle

# 10 10 10 旁观思维

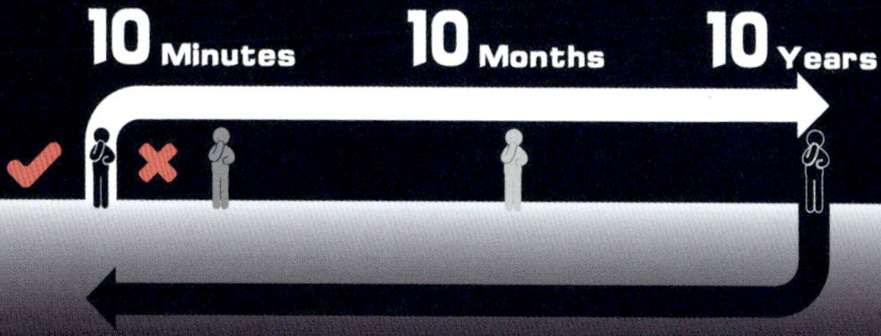


① 概念：当你在做一个决策时，请问自己3个问题

① 这件事，如果我这样做，10分钟后我会后悔吗？

② 这件事，如果我这样做，10个月后我会后悔吗？

③ 这件事，如果我这样做，10年后我会后悔吗？

跨越时间和空间来看待问题，往往会显得更加清晰且成熟。

以一个旁观者的角度来看待，你的感受会截然不同。

② 变化：可以根据实际情况对101010模型做调整，使它更容易使用。

**跨度**

10只是数字，可以切换单位和时长

10天后 15秒后

10周后 20年后

**逆向**

想象未来很困难就回顾过去反思

10天前的错误举动

10年前的正确决定

**角色**

可以把自己扮演成他人，看待自己

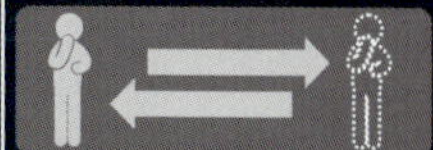

③ 本质：当局者迷 换位思考 摆脱情绪 跳脱情境

101010 只是提醒数字，它的根本逻辑是跳脱情境，避免被当下的情绪、环境及他人的话语干扰，影响自己的判断。通过预设未来、反思过去、切换他人视角，把自己抽离出来，放在上帝视角看自己。这样或许会做出更理性客观的决策。

# 冗 余 备 份

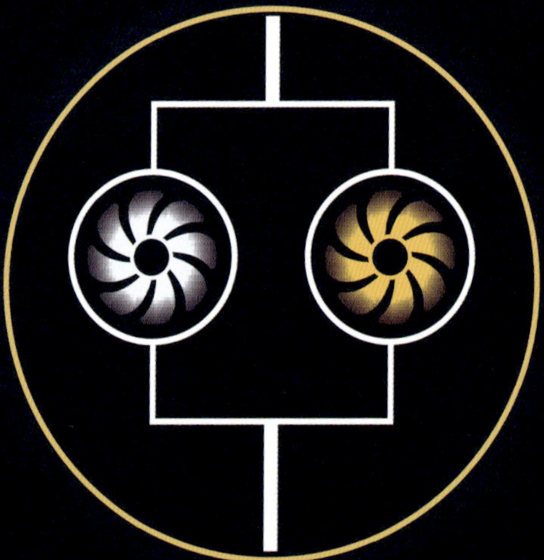

Model In Circle

# 冗余备份

① 概念

**重要的东西 多备一些**
**出了问题 能凑合**

领域：工程学
条件：系统的并联逻辑
方式：添加额外组件
目的：提高系统可靠性

② 特点

① 可以参与平常运转，不必事后被唤醒；
② 不一定和主件一样，但作用一定相同；
③ 必定增加额外成本，不一定增加多少。

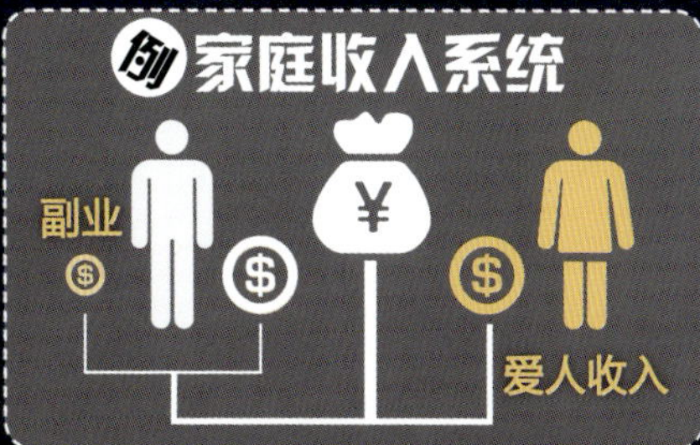

③ 什么时候可以备份？我这里有个建议公式可以作为参考，若：

事故发生的最大损失 × 事故发生率 > 备份投入成本

或若（在更严谨、数据更清晰的情况下）：

事故发生的最大损失 × 1−(1−事故发生率)$^{主件预计使用次数}$ = 无备损失 A

备份首次投入 + 备份的单位时间运营成本 × 运营时间 = 有备成本 B

运营时间 = 主件预计使用次数 ÷ 单位时间使用次数

你也可以自己做公式；不会做公式也没事，毕竟需要精确计算的情况不多。公式的主要作用不是计算，而是在关键时刻给予提醒。

无备损失 A > 有备成本 B

# 断裂点理论

Model In Circle

# 断裂点理论

① 概念

用一个很小的可以承受的损失 | 去避免无法承受的系统性风险

通过自损以小损 以达止损防大损

② 例

以日常损耗 防重大感染
**酒精消杀**

以停盘 防暴跌
**股市熔断**

以离职 防累死
**员工底线**

以小改 防大改
**方案小毛病**

以开除一个 防贪腐成风
**管理红线**

以假红线保真底线
**名义上的DEADLINE**

③ 自我断裂点搭建

加强自我管理 | 反思自身问题 | 重视他人反馈

① 设定一些提醒事项：一旦发生什么，我们应该怎么做；

② 正视已经出现的问题，把它看成更大损失前的断裂点；

③ 把朋友坦诚的建议、善意的提醒，看成关系破裂前的断裂点。

# 安全边际

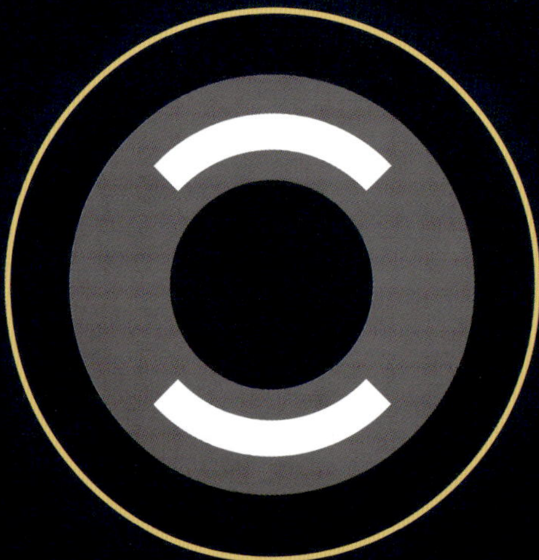

Model In Circle

# 安全边际

① 概念　一个结构所能负荷的负载，或称可超过预期负载的程度。

安全边际 = 销售总额 — 成本

20 = 100 — 80

安全边际率 = 安全边际 / 成本

25% = 20 / 80

② 要领　保留弹性/余地/空间以防偶尔/突然/额外压力。

比计划时间提前
不要刚刚好

遇见知己
不要毫无保留

做买卖
留些还价空间

③ 三个工程预防模型的区别

**保留多　意外少**

有保留　会收敛

**以小损　防大损**

立规矩　懂舍得

**有大损　能凑合**

备一些　扛得住

通过单项重复和多项组合嵌套，保证一个重要工程系统更加稳定。

# 4 Letters 营销理论

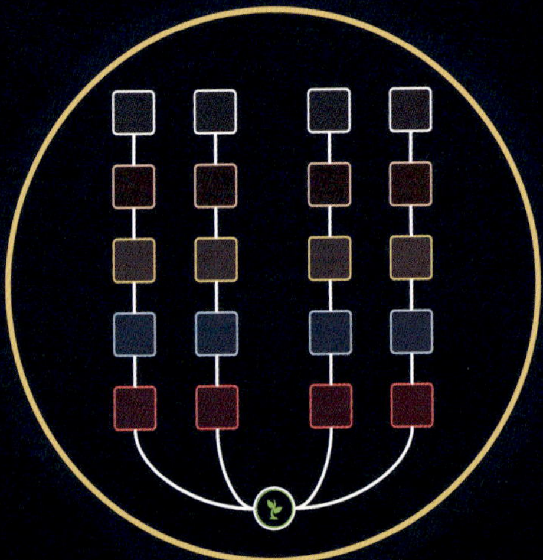

Model In Circle

# 4 Letters 营销理论

| | | | | |
|---|---|---|---|---|
| **4E 根本** | 体验 Experience | 交换 Exchange | 无所不在 Everyplace | 布道 Evangelism |
| **4V 突破** | 差异化 Variation | 附加价值 Value | 功能化 Versatility | 共鸣 Vibration |
| **4R 关系** | 关联 Relevancy | 报酬 Reward | 反应 Reaction | 关系 Relationship |
| **4C 买的** | 顾客 Customer | 成本 Cost | 便利 Convenience | 沟通 Communicate |
| **4P 卖的** | 产品 Product | 价格 Price | 渠道 Place | 促销 Promotion |

营销要素 Marketing Mix

| | | | | |
|---|---|---|---|---|
| **4S** 内部能力及服务强化 | 满意 Satisfaction | 服务 Service | 速度 Speed | 诚意 Sincerity |
| **4I** 互联网理论强化补丁 | 趣味 Interesting | 利益 Interests | 互动 Interaction | 个性 Individuality |

# PEST分析

Model In Circle

Model In Circle

# PEST分析

① 基本概念

| P | E | S | T |
|---|---|---|---|
| Politics 政策 | Economy 经济 | Society 社会 | Technology 技术 |

**Politics 政策**：国际环境、制度体制、局势形势、税收政策、财政政策、产业政策、补贴、投资政策、法律法规

**经济 Economy**：GDP/PPI、体量增长率、收入水平、可支配收入、消费结构、利率汇率、储蓄信贷、失业就业、通胀率

**Society 社会**：出生率、人口规模、性别年龄、生活方式、教育情况、价值观念、风俗习惯、审美偏好、职业岗位

**技术 Technology**：现有技术、更新速度、普及度、供应链条、商品化速度、新的发明、研发专利、跨行业技术、技术淘汰

② 引申思考

影响企业的主要因素为什么是“政-经-社-技”，而不是别的？

**政策-气候**（P）：阶段性相对稳定，时有变化

**经济-水量**（E）：干湿，旱涝，潮汐涨落

**社会-土壤**（S）：有地域性，相对稳定且复杂

**技术-肥料**（T）：催生助长，偶尔的外力

# 波特五力

Model In Circle

# 波特五力

普遍看来，竞争的力量比我们认为的更多，大致有五种力。

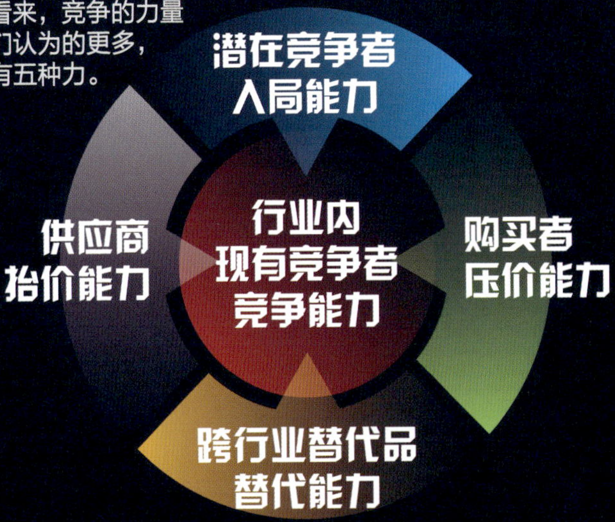


| 对局者 | 入局者 | 替代者 | 供应者 | 购买者 |
| --- | --- | --- | --- | --- |
| 价格战 | 技术门槛 | 技术突破 | 对供方可选性 | 高精尖产品 |
| 产品差异化 | 官方资源 | 经济发展 | 供方客源量 | 产品刚需程度 |
| 营销宣传竞争 | 行业规则壁垒 | 产业口碑缺口 | 采购成本 | 复购率 |
| 附加值竞争 | 利益诱惑 | 客群习惯变化 | 供应品稀缺性 | 大客户购买量 |
| 创新迭代技术 | 预期反制措施 | 跨行业变革 | 采购方的要求 | 跨行业替代性 |
| 品牌价值竞争 | 反恶性竞争力 | 行业经营状况 | 供应商集中度 | 客单价 |
| 成本优化竞争 | 规模要求 | 政策风向 | 替代货源 | 产品可替代性 |
| 产品线组合 | 渠道管控 | 客户转换成本 | 供方进销存 | 行业知识壁垒 |
| 进销存能力 | 学习周期 | 资本 | 周期与紧迫度 | 客户专业度 |

波特五力可以帮助我们思考/分析一个行业的基本竞争态势，因此它成为企业制定竞争战略时的常用工具。不局限于企业战略发展，任何符合自由竞争规律的状况，都可以利用这一模型归纳出影响你达成目标的主要因素（阻力）。

# 波士顿矩阵

Model In Circle

# 波士顿矩阵

① 基本概念　决定企业产品结构的基本因素有两个：市场引力&企业实力。在这两个因素中，最主要的指标是增长率和占有率。如果一家企业拥有多种产品或产品群，就可以通过波士顿矩阵来分析自家产品的发展形势，制定产品战略。也就是通过这两个因素的相互作用，划定出具有四个象限的矩阵。

Matrix: Boston Consulting Group　BCG Matrix

② 回归英译更方便理解

明星(Stars)　现在养它很费钱，未来它可能更挣钱，就像跑得快且体积大的宇宙天体！增速高，体量大。

金牛(Cash Cow)　Cow–奶牛，Cash Cow–吃的是草，挤出来的是钱。这是不操心还赚钱的产品，挤出来的“现金奶”可以供养其他产品。

问题(Question Marks) 不是麻烦的Problem，而是疑惑的Question。所以这是个待讨论或待处理的产品，先标记一下，具体再看是啥问题。

瘦狗(Dogs)　英文只有“狗”，没有“瘦”。Dog也有长期困扰/折磨/纠缠之意，对应到产品，是指那种“食之无味，弃之可惜”的鸡肋产品。

# SWOT万能分析

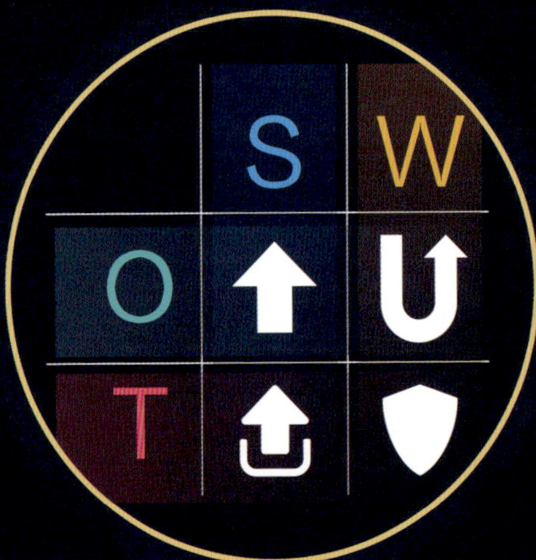


Model In Circle

# SWOT万能分析

① 基本概念

通过对优势、劣势、机会、危机四个方面的分析，来制定企业发展战略。

| S | W | O | T |
|---|---|---|---|
| Strengths | Weaknesses | Opportunities | Threats |
| 优势 | 劣势 | 机会 | 危机 |

② 分析问题

SWOT以内部/外部/有利/不利为坐标轴，内部+有利=优势，内部+不利=劣势，外部+有利=机会，外部+不利=危机，把相应信息罗列进象限。

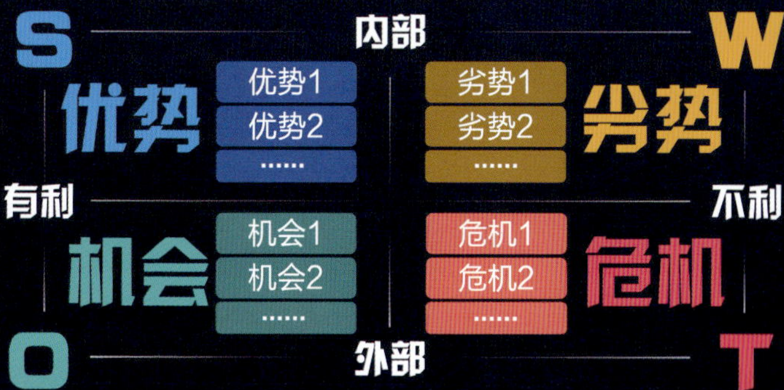


③ 解决问题

将SWOT的四个象限两两叠加，产生四个具有指导意义的战略。

| SWOT分析表 | 优势<br>1.<br>2.<br>3. | 劣势<br>1.<br>2.<br>3. |
|---|---|---|
| 机会<br>1.<br>2.<br>3. | 利用[优势]抓住[机会]?<br>增长型战略 | 借助[机会]改变[劣势]?<br>扭转型战略 |
| 危机<br>1.<br>2.<br>3. | 利用[优势]化解[危机]?<br>突破型战略 | 在[危机]中规避 [劣势]?<br>防御型战略 |

# 黄金圈法则

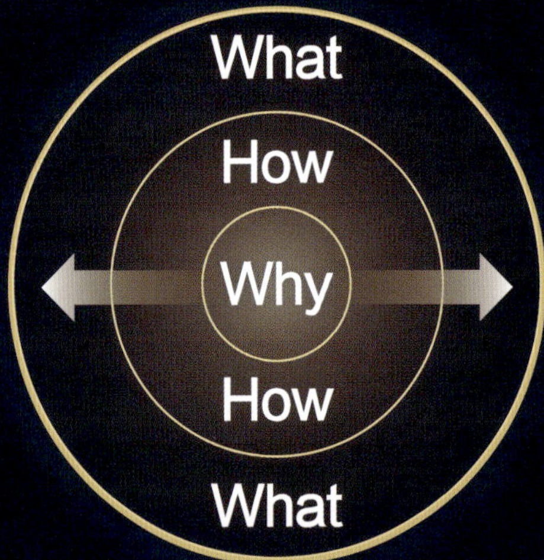


Model In Circle

# 黄金圈法则

① 基本概念　大部分人的思考行为从现象开始（What），由外向内。卓越的人则喜欢从核心本质开始（Why），由内而外。

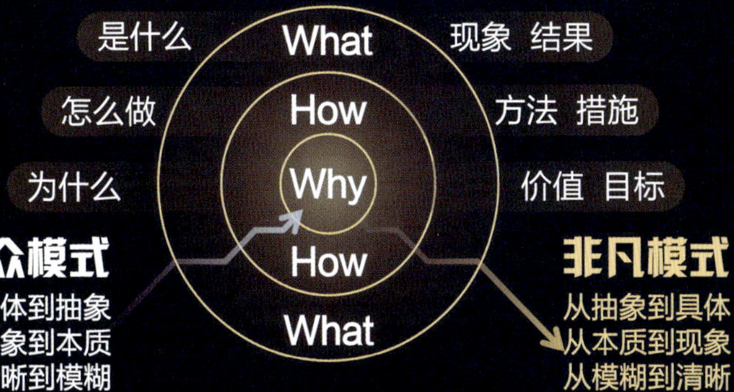


② 为什么黄金圈思维模型这么有效?

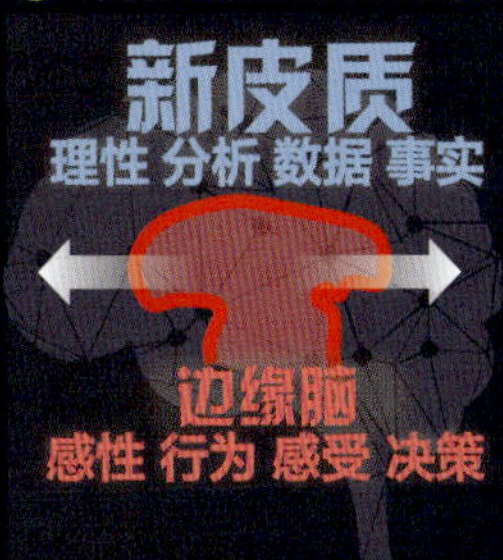


黄金圈外层对应新皮质，负责理性思维和分析。黄金圈内层对应边缘脑，负责行为/感受/决策。边缘脑容易感情用事。边缘脑让我们做出一个决策，又很难解释为什么。所以我们总让新皮质为感性决策找出理性理由。

从做什么开始沟通，是对新皮质说话，
但新皮质不负责决策，很难促使别人采取行动。
从为什么开始沟通，是对边缘脑说话，
让它对你有好感，有倾向，便容易产生决策。

③ 有效性行动模式

| | 面试 | 商谈 | 陌拜 | 求偶 |
|---|---|---|---|---|
| Why | 理想契合 | 共同价值 | 获得信任 | 性格/魅力 |
| How | 精神/方法 | 创新思路 | 细节/态度 | 生活习惯 |
| What | 技能/经验 | 实力/优势 | 卖点/资料 | 择偶标准 |

# 六项帽子思考法

Model In Circle

# 六顶帽子思考法

## ① 说明

六顶思考帽是一种思维训练模式，是一个引发全面思考问题的模型。它可以使混乱的思考变得清晰，使团体的争论变成集思广益的创造。

找找找
白纸记录
客观与信息

想想想
万物生长
激发与创造

对对对
寻找黄金
价值与肯定

排排队
天空冷静
框架与裁判

哈哈哈
爱与怒气
主观与感性

杠杠杠
黑脸包公
怀疑与批判

## ② 功能

| | | |
|---|---|---|
| 无偏见，中立与客观 | 生机/创造力/想象力 | Yellow-Y-Yes |
| 在白纸上写满你的信息 | 可能性/创意/变革 | 寻找价值 |
| 区分事实和观点 | 不论对错，只管解决 | 补充希望，建设性观点 |
| 不要评价/不要划重点 | 启发其他帽子 | 做正面、乐观评价 |
| 控制帽子的帽子 | 热情/怒气/充满情绪 | Black-B-不不不 |
| 前期，排序和使用次数 | 发表主观感受/单纯好恶 | 否定/怀疑/批判 |
| 中期，控制深度和时间 | 尽情释放 | 合乎情理，有理有据 |
| 后期，推出最终结论 | 不必提供理由 | 不必提出解决方案 |

## ③ 模型使用关键

**ONE**
一次只戴一顶

**ALL**
要戴六顶就戴全

**FREE**
帽子顺序不固定

# 第一性原理

Model In Circle

# 第一性原理

从根本出发，找出更合理的新方法，即为第一性原理思维。

## 第一性即根本性

在每一系统的探索中，都存在第一性原理，这是一个最基本的命题或假设，不能被省略或删除，也不能被违反。

——亚里士多德

## 如何使用？

3. 不能那样吗

探索新方案

2. 非得这样吗

批判旧方案

1. 为啥这样呢

寻求本质

圆中三问

## 怎么用好？

非凡的人物善于运用第一性原理进行颠覆性创新，但是这毕竟是少数的伟大。

怎么办?

虽然惊天动地的颠覆性很少，但我们身边也有很多对我们至关重要的小事，从中挖掘第一性原理，发现一些不合理，颠覆它，也能让自己少一些烦恼。

# 路径依赖

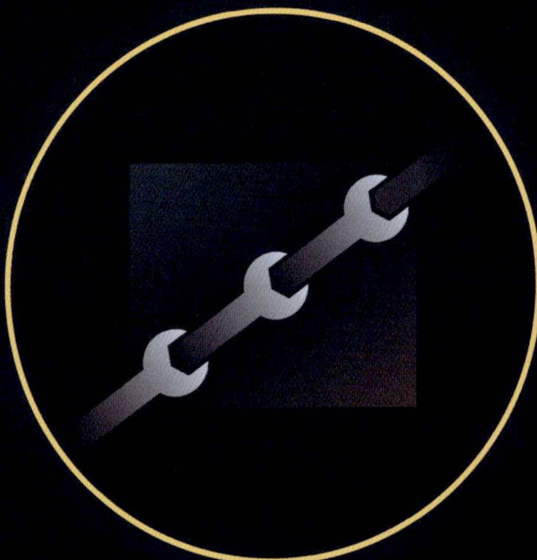

Model In Circle

# 路径依赖

人类社会中的技术演进或制度变迁都有类似于物理学中的惯性，一旦进入某一路径就可能对这种路径产生依赖。

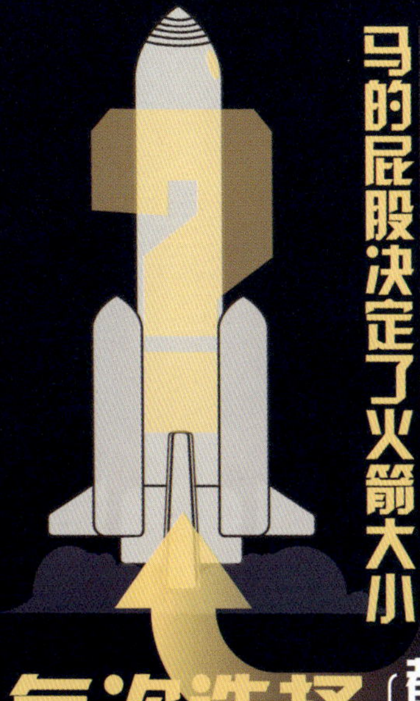

**马的屁股决定了火箭大小**

- 马的屁股决定战车的宽度
- 战车的宽度决定铁轨的宽度
- 铁轨的宽度决定火车的宽度
- 火车的宽度限制火箭的直径

**每次选择**｛都是上一个选择的果，又是下一个选择的因

路径依赖有好处也有坏处，有坏处时如何破除路径依赖：

| | | | | | |
|---|---|---|---|---|---|
| 成因 | 发展短视 | 沉没成本 | 网络效应 | 转换困难 | 思维固化 |
| 破解 | 长远考虑 | 敢于放弃 | 独树一帜 | 开拓创新 | 独立思考 |

Model In Circle

# SMART原则

Model In Circle

# SMART原则

SMART原则是一款设定优质目标的思维模型。运用具体的、能测量、可实现、相关性、有期限这五个因素审视目标，借此提高目标质量和做事效力。

SMART

| 具体的 | 能测量 | 可实现 | 相关性 | 有期限 |
| --- | --- | --- | --- | --- |
| Specific | Measurable | Attainable | Relevant | Time-bound |
| 做什么 | 做多少 | 能不能 | 做不做 | 做多久 |

## 圆中应用顺序

R 首先是这事跟自己有无关系
S 有关系才会考虑具体做什么
M 然后考虑过程、结果和反馈
T 然后看多久能做完
A 最后判断按照计划能不能做到
↻ 做不到应降低标准或调控时间

Model In Circle

# 放大镜与缩小镜

Model In Circle

# 放大镜与缩小镜

① 什么是放大镜

放大镜思维：将事物放大，可以看到细节。看似简单的事物放大后，会发现其背后的道理不简单。看似复杂的问题放大后，会发现导致的原因很简单。

什么是缩小镜

缩小镜思维：当难以想清楚具体的事物时，把时间拉长、把视野拉远，把过去的背景、现在的场景、未来的前景都放进来看，或许能找到答案。

**放大镜思维**

洞察　拆步骤

抓细节　分条理

……

**缩小镜思维**

达观　通古今

上格局　观天地

……

② 遇到麻烦时的心态调整技巧

**被动放大** → **主动缩小** → **主动放大** → **主动缩小**

遇到问题开始慌乱 → 冷静：自己觉得事大可能别人觉得没啥事 → 重视：查看细节寻找原因/问题 → 打开思路找到办法

③ 放大镜与缩小镜的思维神似于“知止而后有定”。

定而后能静，静而后能安，

安而后能虑，虑而后能得。

——《大学》

Model In Circle

# 二八法则

Model In Circle

# 二八法则

① 概念

## 二八法则（二八定律）

在任何一组东西中，最重要的只占其中一小部分，约20%，其余80%尽管占多数，却是次要的。

| 帕累托法则 | 关键少数法则 | 最省力法则 |
| --- | --- | --- |
| 朱伦法则 | 不重要多数法则 | 不平衡原则 |

② 举例

80%的流量来自20%的平台　80%的客户问题来自20%的客户

20%的人占有80%的社会财富　20%的产品产生80%的利润

③ 不均衡的启示

| % | ∞ | 2=8 |
| --- | --- | --- |
| 坦然接受<br>是世界的真相 | 导致竞争<br>是前进的动力 | 拿2得8<br>是向上的密码 |

Model In Circle

# 三8理论

Model In Circle

# 三8理论

每个人每天都拥有24小时，第一个8小时工作，第二个8小时睡觉，第三个8小时自己支配。前面两个8小时大家都一样。人与人的差距，主要由第三个8小时决定。

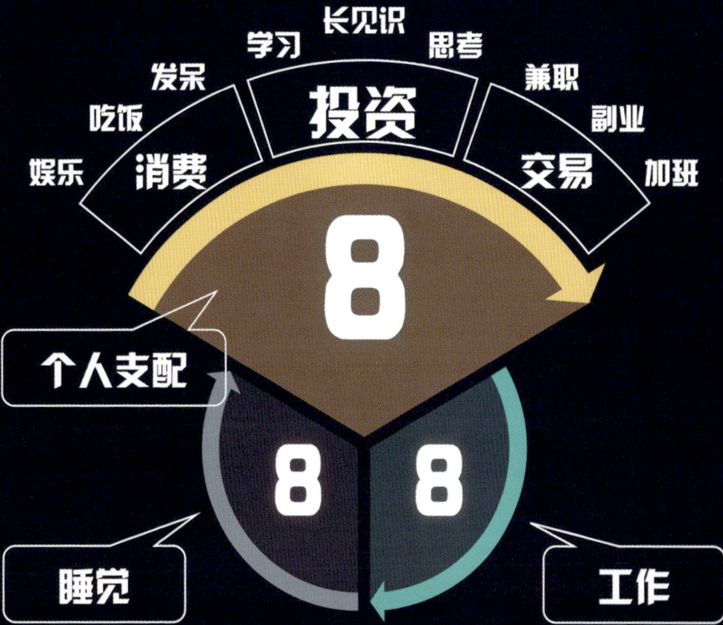


当今很多人的个人支配时间严重不足，比如被加班占用。

若个人支配时间已被工作无情占用，还想成长该怎么办？

**以退为进** 工作时用七分，留三分，留出时间。

**以摸代投** 用留出来的“摸鱼”时间，投资自己。

# PDCA循环

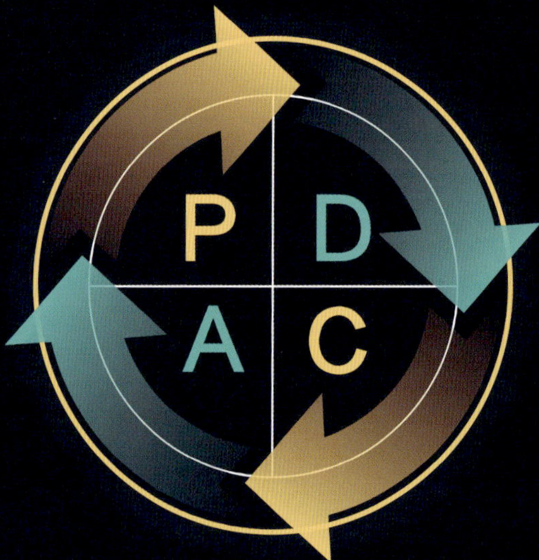


Model In Circle

# PDCA循环

PDCA循环是将质量管理分为计划、执行、检查、处理四阶段，可使我们的思想/方法和工作步骤更加条理化，也被称为戴明环。

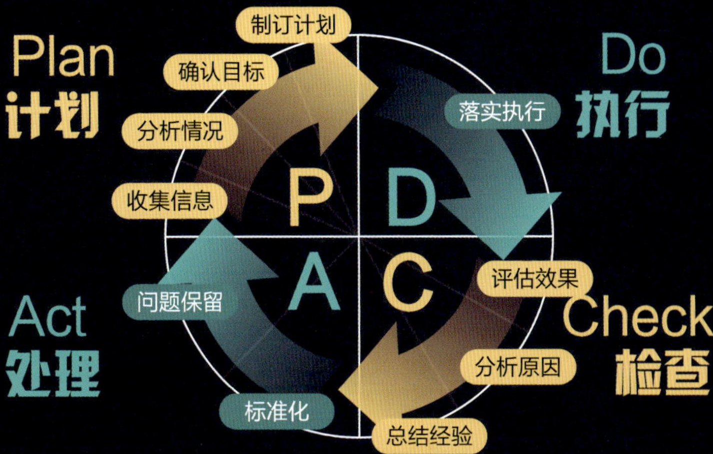


PDCA的本质是平衡计划与总结、思考与行动。
P是面向未来的向前思考；D是思考后的行动；
C是面向过去的向回思考；A是总结后的行动。

| Plan 计划 | Do 执行 | Check 检查 | Act 处理 |
| --- | --- | --- | --- |
| 计划的 | | 总结的 | |
| 思考 | 行动 | 思考 | 行动 |

我们之所以对PDCA推崇有加，就是因为它把我们经常强调的计划与总结、思考与行动，做到了并包与平衡。

# 金字塔原理

Model In Circle

# 金字塔原理

金字塔原理是一项层次性、结构化的思考、沟通技术。上层的一个核心结论，由下层的论据支撑，每一个论据也可以作为结论被下层支撑，如此延伸会呈现出金字塔结构，故称金字塔原理。

结论先行　以上统下　归类分组　逻辑推进

金字塔结构传达的信息就是先给出一个核心，再补充一些解释。

若核心是一个问题，下面可补充多方面的剖析或子问题；

若核心是一个计划，下面可补充计划推进或者阶段指标；

若核心是一个观点，下面可补充各方面理由、数据、案例。

## 先点题　后解释

### 金字塔表达三字经

表达啥　一句话　因为啥　1.2.3.

# SCQA结构表达

SCQA

故事启发

Model In Circle

# SCQA结构表达

**SCQA模型是来自麦肯锡的一个结构化表达工具。**

情景S，是事情发生的背景，能带入听者，引起共鸣。
冲突C，是在这个情景下，比较自然地引出困难或矛盾。
疑问Q，是根据冲突提出的问题，引发双方一同思考。
解答A，是问题的解决方案，也是你要表达的中心思想。

| S | C | Q | A |
|---|---|---|---|
| Situation | Complication | Question | Answer |
| 情景 | 冲突 | 疑问 | 解答 |
| 带入背景 | 引出矛盾 | 点出问题 | 表达核心 |

**SCQA表达吸引人且容易让人接受表达者观点的本质：**

## 小故事+小启发

带入背景　引出矛盾 → **小故事**
点出问题　表达核心 → **小启发**

**小故事吸引人**　**小启发提醒人**

与金字塔原理表达法相比，SCQA效率低，但更易获得认同
表达方式需要根据情况权衡选择

# MECE原则

MECE

不重不漏

# MECE原则

## ① 什么是MECE原则

MECE是Mutually、Exclusive、Collectively、Exhaustive的缩写，中文意思为相互独立，完全穷尽。也就是把一个重大议题分解成更细的对象时，做到不重叠、不遗漏。

**M E C E**

| Mutually | Exclusive | Collectively | Exhaustive |
| --- | --- | --- | --- |
| 相互 | 独立 | 完全 | 穷尽 |

**不重叠　　不遗漏**

## ② 如何保证不重叠、不遗漏？有5种办法。

过程法　二分法　矩阵法　要素法　公式法

过程法：按照事情发展变化过程进行拆解，如步骤1、2、3。

二分法：是非此即彼的反义词或对应词，如白天与黑天。

矩阵法：把二分法用两次，交叉形成四个象限，如SWOT。

要素法：把整体分成不同部分，如把一栋楼分为1、2、3单元。

公式法：按照数学公式直接拆分，如利润=价格-成本。

## ③ 保证MECE的极简口诀：**单主题 一维度 前主要 后其他**

例如：单说传统燃油汽车，从系统装置一个维度看，主要由3部分组成，包括发动机、底盘、车身，除此之外，还有其他设备。

Model In Circle

# 问 题 树

Model In Circle

# 问题树

① 为什么需要用问题树解决问题?

有的问题太抽象（问：成绩下滑怎么办？）

**问题的背后是答案** **但抽象问题背后的答案没意义**

（答：好好学习，提高成绩）

② 什么是问题树?

- 把一个问题当树干，思考这个问题和哪些因素有关；
- 每想到一个因素，就给这个树干加一个树枝；
- 在大树枝上，还可以有更多小树枝，以此类推。

用问题树分解抽象问题，问题就会变得具体。具体问题的背后就有具体的有意义的答案。某些具体的答案很可能解决最初的抽象问题。

③ 示例　成绩下滑怎么办? 通过问题树分析出丢分科目，并找到丢分原因，针对具体原因提出解决办法。

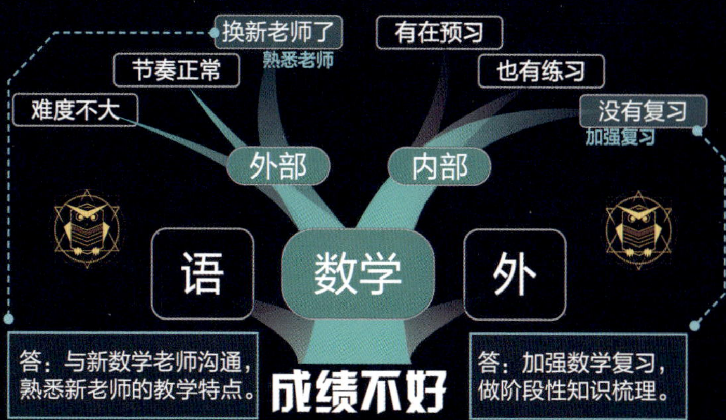

# 奥卡姆剃刀

Model In Circle

# 奥卡姆剃刀

一个事物如果没有存在的必要，就不要轻易让它出现。反过来讲，如果出现了，就要尽快把它们剃掉。这把剃刀，对世界的发展和人的成长意义非凡。

无必要实体经常出现的原因和解决上策：

- 人擅加法、补充，事情会在有人参与时变复杂。
- 实体一旦产生，自己就会证明自己存在的必要。
- 旧实体也会与新实体建立新的联系，难以割舍。
- 事物一旦产生，剃掉就会疼，会犹豫并权衡。
- 所以剃刀思维的上策是勿增，是防患未然。
- 勿增实体的核心是勿增，而非出现后剃掉。

# 勿增

几个方案都能解决问题，选最简单的；几个途径都能达到目标，选路径最短的；几种理论都能得出相同答案，选简洁的。

## 如无必要　勿增实体

Model In Circle

# 细节思维

Model In Circle

# 细节思维

效率非常重要，但它往往隐藏在事物的各种细节中。从细节入手，往往能找到关键，更大地提升效率！

## 抓住细节 提升效率

**某公司招到了一个报销核销管理人才，定了几个报销规则，解决了几百人的报销问题：**

1.报销单分成四部分，每一部分25分。

2.每次个人报销得分，决定下次报销待遇。

| 100分 | 75分 | 50分 | 25分 | 0分 |
|---|---|---|---|---|
| 先打钱 | 等一周 | 等两周 | 下月发 | 下季发 |

**规则实行，报销成功率大大提升，效率也提高了。**

填单正确率 10% —— 审批效率 10% —— 报销速度 10%

用利益来链接你我的效率

## 用细节 促成长

那些看似无用的事物/知识/细节，人们面对它们的心态不同，也能导致各自成长效率的差异。这也是一种细节决定效率的体现。

Model In Circle

# 乔哈里视窗

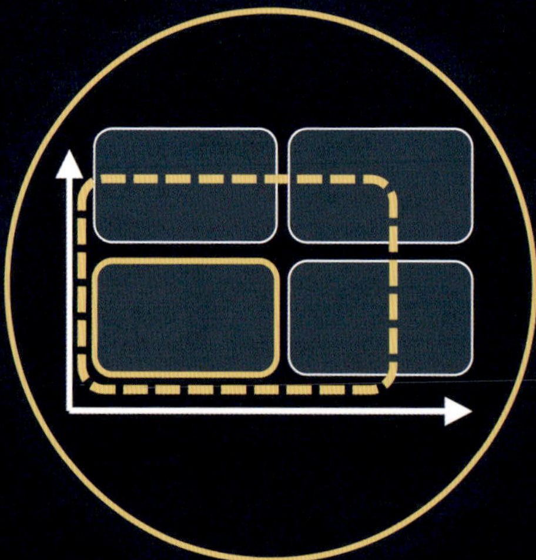

Model In Circle

# 乔哈里视窗

这是一个有效沟通的理论，该理论将人际沟通比作窗子，根据自己知道、自己不知、他人知道、他人不知，分为四个区域，人的有效沟通就是这四个区域的融合。

| | 自己知道 | 自己不知 |
|---|---|---|
| 他人不知 | 隐藏区 | 未知区 |
| 他人知道 | 开放区 | 盲目区 |

开放区：自己的姓名、性别等基本信息和部分经历。
盲目区：无意冒犯别人的坏习惯，别人对你的背后评价。
隐藏区：童年经历、心中理想、对某些事物的好恶。
未知区：未解锁的天赋和待激活的潜能。

## 区域的大小会决定不同的自我

**隐藏区大**：很少主动表达自己，能保护自己但难以取得信任

**未知区大**：不了解自己，也不想让别人了解自己，比较麻烦

**开放区大**：善于交往，容易赢得信任，与他人合作彼此会很舒服

**盲目区大**：我行我素，不顾他人感受，别人不爱与他合作

鼓励放大

**多表达自我　让别人更了解你**

**多询问别人　让你更了解自己**

# SQRRR阅读法

Model In Circle

# SQRRR阅读法

**SQRRR** 是一种经典且高效的阅读方法，主要用于精读课文。该方法创建后备受推崇，获得广泛应用。

**Survey 预览**　了解大体内容。浏览落脚点在序言、目录、章节标题、首尾段、自然段首尾句和结语、插图等。

**Question 提问**　围绕浏览内容提出问题。例如，这一段想表达什么？阅读完这本书我能获得什么？有什么用？

**Read 阅读**　不要精读每个词句，要挑选出重点和难点。在加粗画线中感受重点。难点多读几遍。把精力留给关键的地方。

**Recite 背诵**　也可以理解为概括，在阅读之后，对整体内容进行一次复盘和整理，加深对知识的理解和记忆。

**Review 复习**　要时常复习，获得长期记忆。在我们有新的经历之后，回头再看，会有新收获，温故而知新。

**这么阅读怎么能算高效呢？**

① 此高效，在于它能在精读中跳读。前期预览和提问能让我们识别已知的和不重要的内容，以便有效分配阅读精力，从而提高阅读效率。

② 此高效，并不单指速度，也指效果，是阅读收获与阅读时间的性价比。它看似花费了更多的时间，但也极大地提高了我们的知识消化效果。

**过目破万卷 不如深思一牍片**

Model In Circle

# FFC赞美法

Model In Circle

# FFC赞美法

**Feeling 感受**：用细腻的语言表达自己的感受，告诉对方“你有感染到我”。

**Facts 事实**：通过陈述事实（或其中的细节）让对方相信你的感受是真的。

**Compare 比较**：通过表达一种比较/比喻/对比，让对方理解你的赞美的分量。

| | 你这次考得真好！ | 你的衣服真好看！ | 您的演讲真精彩！ |
|---|---|---|---|
| F | 妈妈很高兴 | 这衣服显气质 | 非常有感染力 |
| F | 看你很努力 | 尤其是设计 | 高潮抑扬顿挫 |
| C | 你超越了自己 | 你穿上像模特 | 您是演讲大师 |

该模型不仅是一个有效的夸人模型，反过来用，它还是一个很有杀伤力的贬人模型。因此，与人交往时注意识别和防范。

# GROW成长模型

Model In Circle

# GROW成长模型

GROW

| Goal | Reality | Options | Will |
|---|---|---|---|
| 聚焦目标 | 明确现状 | 选择方法 | 行动意愿 |
| ✗ 你该……！ | ✗ 那个你不行！ | ✗ 你最好这么做！ | ✗ 这个不对！ |
| ✓ 你想……？ | ✓ 发现什么问题？ | ✓ 你有什么办法？ | ✓ 你可以试试？ |

## 用教练思维 学会自己成长

## 追问自己比听人建议更有效

| 把目标问到足够具体 | 把现状问到看透自己 | 把选择问到不能更多 | 把行动问到可以落地 |
|---|---|---|---|

Model In Circle

# 飞轮效应

Model In Circle

# 飞轮效应

**飞轮效应**：为使静止的飞轮转动起来，开始必须使很大的力气，一圈又一圈，每一圈都很费力，但每一圈的努力都不白费。飞轮会转得越来越快。这个效应比较普遍，人的成长或进入某一新的领域，都会经历这一过程。

## 万事开头难

### 飞轮效应四个阶段的特征

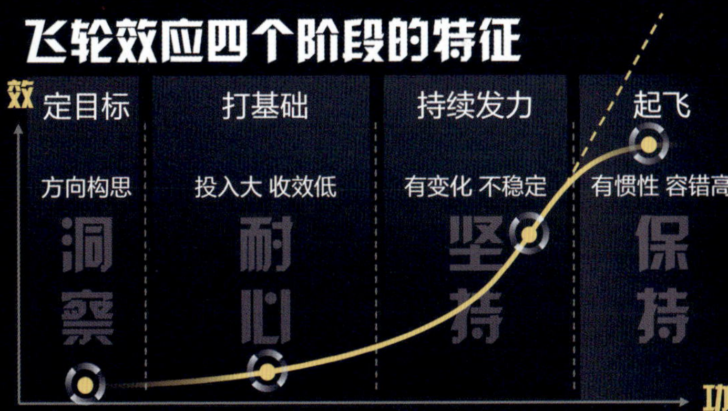


## 来自增强回路逻辑
## 表达一种复利思维

# 5W1H 六何法

Model In Circle

# 5W1H 六何法

5W1H是利用What/Why/Where/Who/When/How这六个问题进行思考、决策、行动的思维方法，又叫六何分析法。它可以帮助我们严谨思考，也能给人启发。

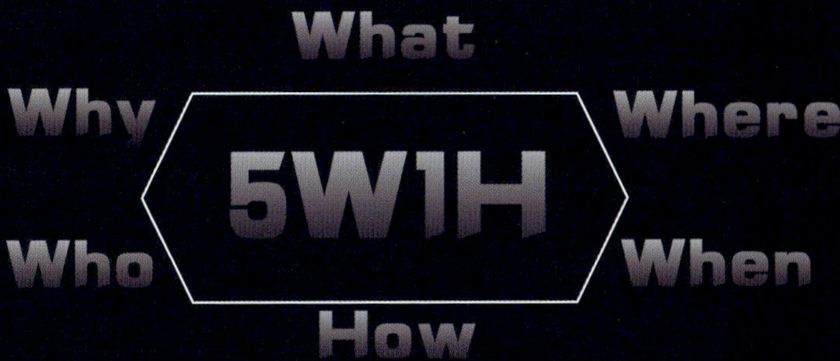

## 独立使用

帮助我们完成/完善各类执行计划、方案和设计创作。

## 嵌套辅助

如在金字塔中分解核心问题，在戴森环中制订计划。

## 日常提醒

在日常方面，给予提示，弥补疏漏，如汇报/表演/收集信息等。

# 福格行为模型

Model In Circle

# 福格行为模型

$$B = M \cdot A \cdot P$$

行为 = 动机 × 能力 × 提示

动机▽想做　能力▽能做　提示▽做吧

① 行为发生于动机、能力、提示三个因素同时出现时。

**动机是欲望；能力是本事；提示是信号**

② 当我们发现本该发生的行为没有发生时，那就是动机不够、能力不够或提示不够。

③ 触发行为的两个方法：挪 & 炸

- 挪 把自己的行为点挪到行为线以上；
  或提高动机，高动机可以削减难度带来的障碍；
  或降低难度，把不能变成可能。
- 炸 是扩大触发条件，强化做事的提示性条件。

# 非SR思维模型

Model In Circle

# 非SR思维模型

## ① 什么是非SR

SR是Stimulus-Response的缩写，表示从刺激到反应的过程。在可能需要深思熟虑的事情上，SR会让人缺乏思考和判断。

非SR就是在刺激—反应中间加上思考，保持刺激—思考—再反应的思维习惯。

Stimulus ◂ Think ▸ Response

坏处：变得迟钝　　好处：带点智慧

## ② 如何Think

Stimulus Think Response

刺激 思考 反应

思前 ← → 想后

几分钟

思前：思考出现这个刺激/状况的原因。用点时间多观察、多判断、多分析。

想后：想清楚接下来自己要做出什么反应才能显得更合理、更得体，更能拥抱智慧。

几分钟

给自己几分钟时间冷静头脑，该做的选择会自然浮现出来。

# 沉默的螺旋

Model In Circle

# 沉默的螺旋

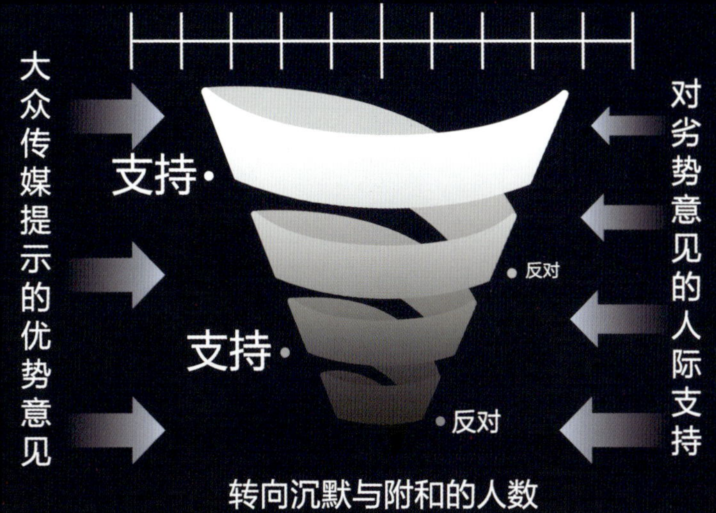


① 什么是沉默的螺旋

来自大众传播学理论。它指这样一个现象：人们如果看到自己赞同的观点受欢迎，就会积极参与，这类观点就越容易被大胆地扩散；如果观点没人支持，就容易沉默。一方沉默会造成另一方增势，循环往复，会形成一方声势越来越大，另一方越来越沉默的螺旋发展过程。

**说得“欢”的，会越说越欢，成为舆论主流，但它并不代表沉默的大多数人的真实想法。**

| 公司开会 | 日常讨论 | 朋友聊天 | 网络风评 |
|---|---|---|---|

② 克服螺旋

了解这个理论可以让我们知道，当一个声音越来越大时，我们是应该接受，还是应该多一些观察和思考。当螺旋开始向着不正确的方向扭动时，我们应勇敢积极地表达自己的观点，从而打破广大认同者的沉默。

# AISAS模型

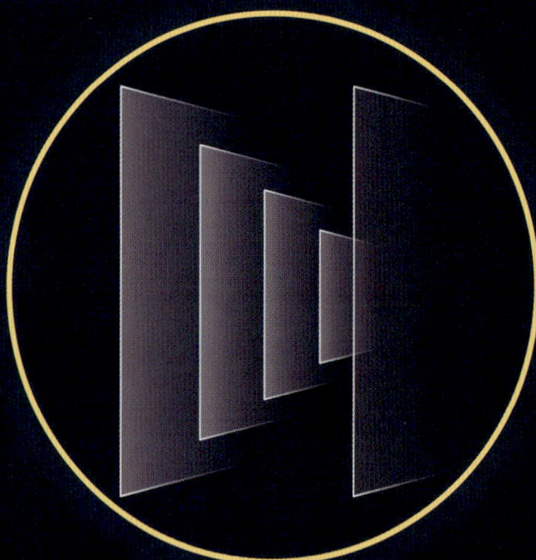

Model In Circle

# AISAS模型

什么是AISAS

AISAS是由电通公司提出的消费者行为分析模型。模型强调：在商家眼里，消费者有五个行为阶段，商家可以通过这五个阶段的营销介入，来影响目标客户的消费行为。

- Attention，引起关注。给消费者一个理由，让他们停下来多看一眼，如有趣的封面、夸张的广告、行销吆喝、吸睛的标题等。
- Interest，产生兴趣。把最精彩的和消费者所关心/害怕/期待/担心的提出来，如开头提问、开场演艺、电影预告片等。
- Search，主动搜索。思考产品被记住、被找到的方法，如有识别性的关键词、购买渠道、产品功能、包装价格、使用门槛等。
- Action，采取行动。思考促进购买的方法，如限时优惠/赠品等。
- ※Share，进行分享。思考消费者替商家宣传的方法，如产品是否有社交属性、晒单好评奖励等。

分享环节是模型中的重点，它决定能否利用用户吸引更多人进入AISAS模型，实现良性循环。

Model In Circle

# GRAI复盘模型

Model In Circle

# GRAI复盘模型

## 想变聪明 得会复盘

Goal → Result → Analysis → Insight
目标 结果 分析 洞察

**G** 目标：明确最初的预定目标。
例如年度目标、阶段目标、项目目标、核心目标。

**R** 结果：考核目标完成度。
结果能拉取数据，有量化标准，更便于接下来的分析。

**A** 分析：围绕结果找到影响因素。
好的/优势的是什么；差的/不足的是什么。

**I** 洞察：通过分析找到规律，从而保留优势、避免错误。
好的保持规律，不好的调整规律。

### 与PDCA的思维匹配

| 问题 | GRAI | | PDCA | 说明 |
|---|---|---|---|---|
| 当初立啥Flag啦? | 目标 G | P | 计划 | 围绕目标而制订 |
| 完成得咋样啊? | 结果 R | D | 执行 | 达成结果的过程 |
| 因为啥啊? | 分析 A | C | 检查 | 分析过程和结果 |
| 能保持/能修改吗? | 洞察 I | A | 处理 | 洞察好坏再循环 |

# KISS复盘模型

# KISS复盘模型

KISS由Keep、Improve、Stop、Start四个单词构成。
它能帮我们在总结过程中梳理各个事项，指导下一步行动。

| K | I | S | S |
|---|---|---|---|
| Keep | Improve | Stop | Start |
| **坚持** | **改进** | **停止** | **开始** |
| 坚持什么 | 改进什么 | 停止做什么 | 开始做什么 |

| G | R | A | I |
|---|---|---|---|
| Goal | Result | Analysis | Insight |
| 回顾目标 | 对比结果 | 分析优劣 | 领悟规律 |

### KISS与GRAI的区别?

GRAI强调总结思路的推进过程。KISS强调总结结果的清晰化表达，属于GRAI的Insight阶段，给出更清晰的答案。

KISS虽然是总结模型，但更强调结果，所以它面向未来的属性更强，是目标的雏形，可形成落地执行的目标。

## 未来我要

| 坚持什么 | 停止做什么 |
|---|---|
| 改进什么 | 开始做什么 |

# 系统思维

Model In Circle

# 系统思维

一堆东西，能彼此连接，发生作用，实现什么功能就可以称之为什么系统。掌握系统思维可以关联地、整体地、动态地审视和解决问题。

电脑系统　生态系统　照明系统　安全系统

**系统包括三种构成要件：要素、连接、功能(目标)**

要素 是整个系统的直观组成部分。

连接 是要素之间的潜在作用关系。

功能 是作用关系最终达成的目标，也是称为“什么”系统的依据。

**系统运作包括三种要素：存量、流量、(反馈)回路**

存量 是数据/信息在系统要素中的积累。

流量 是数据/信息在系统要素中的流转。

回路 是流量对存量的作用。

A-B-A 增强回路使存量加速改变，特点是越A越B，越B越A。

+− 调节回路使存量保持稳定，特点是太+就−，太−就+。

# 四象限法则

# 四象限法则

重要

| 不紧急 | 重要不紧急 | 重要且紧急 | 紧急 |
| --- | --- | --- | --- |
| | 不重要不紧急 | 紧急不重要 | |

不重要

1 **重要且紧急** 马上做 实际很少

2 **紧急不重要** 授权做 很多紧急的事情不重要

3 **重要不紧急** 计划做 最该重视的效能的关键

4 **不重要不紧急** 少做 尽量不要陷入这类事情

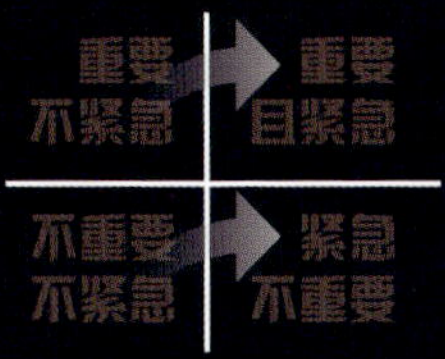


我们处理问题的顺序一般是紧急且重要—紧急不重要—重要不紧急—不紧急不重要。但如果缺乏统筹，就会把大量时间用在处理紧急的事情上，而让本来不紧急的事情变得紧急，进入恶性循环。

**我们应该把主要精力放在重要且不紧急的事情上，做好前期规划布局，才能扭转“瞎忙”的状态。**

此法则的另一个精髓是，可以通过影响对方做事的优先级，让对方更容易做我们想让他做的事。

# WOOP防拖延

Model In Circle

# WOOP防拖延

目标需要与愿望和现实中的障碍进行对比，才更容易行动。
WOOP思维可以为我们减少拖延、实现愿望提供帮助。

| Wish | Outcome | Obstacle | Plan |
|---|---|---|---|
| W | O | O | P |
| 明确愿望 | 想象结果 | 思考障碍 | 制订计划 |

**明确愿望（W）**

1. 能力可达成的，非幻想
2. 愿望类型无限制
3. 一个Wish 只套用一个WOOP

**想象结果（O）**

1. 实现愿望后的结果或景象
2. 景象：有画面的结果
3. 结果：越具体越好

**思考障碍（O）**

1. 障碍（拖延因素）
2. 行为障碍/情绪障碍/客体障碍
3. 预想障碍越多越好

**制订计划（P）**

1. 不是计划达成的行动计划
2. 而是针对障碍的应对预案

# 卡尼曼双系统

Model In Circle

# 卡尼曼双系统

心理学家丹尼尔·卡尼曼表示，人脑存在相互独立的两套系统，分别是直觉系统和理性系统。

## 1 直觉系统

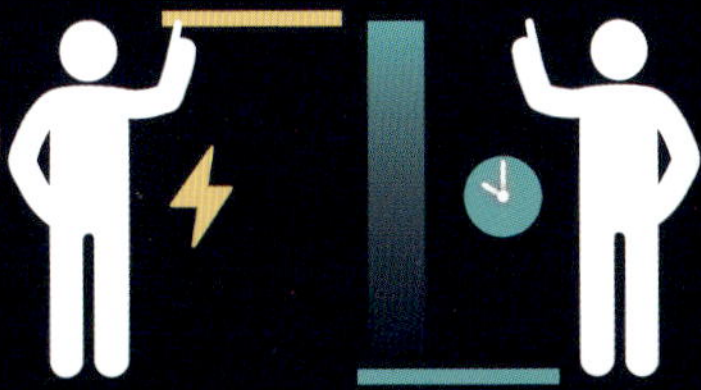

## 2 理性系统

直觉系统是无意识的快速反应。好处是不费脑子，简单问题都会给它，被称为系统1。

理性系统是有意识的思考分析。特点是能耗高，但能解决复杂问题，被称为系统2。

两个系统都会在人的决策行为中发挥作用。由于系统2懒惰，很多时候系统1会占据主导地位，但系统1的直觉反应容易导致决策中会有偏见和失误。卡尼曼建议我们用系统2弥补系统1，用慢思考弥补快思考，有利于提高决策质量。

实际情况：**系统1才是体现人与人差距的关键！**在大部分时间里，我们都没有太多时间让系统2介入，所以差距都体现在了系统1的反应不足。你需要思考一会儿才能做出的决策，需要实践一阵子才能学会的技术，对方可以不假思索地出口成章、手到擒来。

**开车**：反应一下　本能动作

**做题**：思考运算　题感作答

**吵架**：话憋半天　张嘴就来

**所以对系统1与系统2之间关系的处理建议是：**

用系统2训练技能优化思考使之变成系统1的快速反应。让系统2的深度思考成为因，让系统1的快速反应成为果。

# 心流与次心流

Model In Circle

# 心流与次心流

## 心流 Mental flow

一种全神贯注、沉浸其中的忘我状态。

## 如何构建心流？

**设定目标**

目标是目之可见的标靶。标靶越明确，行动越有效，而有效才是行动的意义。如果一个人对某事感觉没意义，那么可能是他没有目标。

**及时反馈**

及时反馈会适当减少精神阻力。行动前设定好奖励规则，完成某个进度点触发奖励，就会调动积极性，始终保持一个良好的状态。

**10%挑战**

做的事有三部分，你早熟悉的+你刚学会的+一些你没做过的。早熟悉的有轻松感，刚学会的有价值感，做些没做过的有成就感。这样能得到每一部分带来的奖励，容易产生心流。

## 可被构建的心流，并非真心流，而是接近心流的次心流状态。

我们只是看中了心流带来的自发而高效的能动潜力，但真正的心流只能自然形成，不能成为人们用来强迫自己爱上做某件事的心理工具。主动设计心流，大概率只能搭建出一个可以接近心流的次心流状态。这一点应该想清楚。但话说回来，次心流也够用了。

# Hook上瘾模型

Model In Circle

# Hook上瘾模型

Hook上瘾模型包括触发—行动—奖励—投入四个要素。

简单来说：触发引诱人采取行动　行动驱使人获得奖励

奖励是人持续行动的激情　投入是因持续行动消耗的时间和精力

四个因素环环相扣，让人难以自拔。

触发 的钩子是 欲望；欲望 勾出人的 妄想；妄想 是带你入门的 吸力。
行动 的钩子是 简单；简单 勾出人的 懒惰；懒惰 是无脑重复的 惯力。
奖励 的钩子是 运气；运气 勾出人的 贪婪；贪婪 是再来一次的 引力。
投入 的钩子是 财富；财富 勾出人的 痴迷；痴迷 是回头上岸的 阻力。

入瘾难出，若发现一件事存在这些钩子，最好的方法就是在成瘾之前，不要继续，不要继续，不要继续。

# 峰终定律

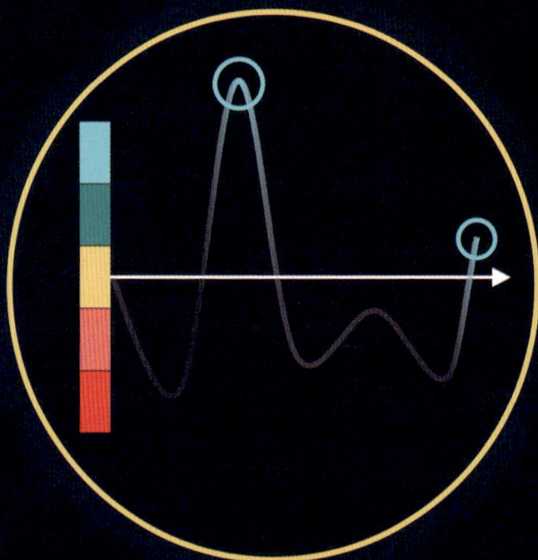

Model In Circle

# 峰终定律

## 1 什么是峰终定律

人们对体验的回忆，由两个因素决定：高潮和结尾。如果这两个地方让人感到愉悦，那么大脑就会告诉我们整个体验都是愉悦的。

人们对体验的评价，往往取决于体验中的峰值和终值，而不是整个体验的平均值。

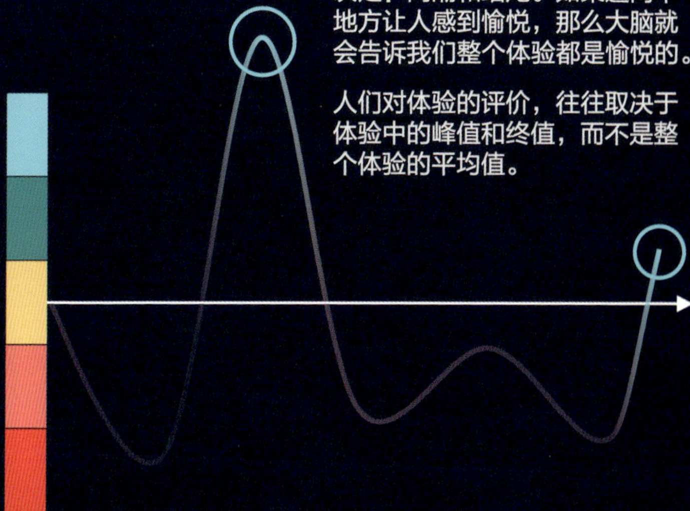

## 2 峰终定律的本质与应用

人的精力往往有限，我们会把峰和终这两个记忆点，简单归结为整个体验。谁都可以利用这个认知偏差设计一些让人难忘的体验。

| 某家居 | 某餐饮 |
|---|---|
| 家居匹配方案和入户式体验（峰） | 美甲\|擦鞋\|生日歌\|热毛巾（峰） |
| 结账出口提供一元冰淇淋（终） | 临走还有小零食（终） |

## 3 峰终定律的意义

该定律提供了一个资源配置方案，在“资源有限还怎么能让客户满意”这个问题下，给了无数企业、品牌、商家一个最优解。

| | | | |
|---|---|---|---|
| 人际关系 | 市场营销 | 社会研究 | 战略决策 |
| 企业管理 | 客户服务 | 旅行出游 | 问卷调查 |
| 课业安排 | 剧情设计 | 娱乐活动 | …… |

# 首因效应 · 近因效应

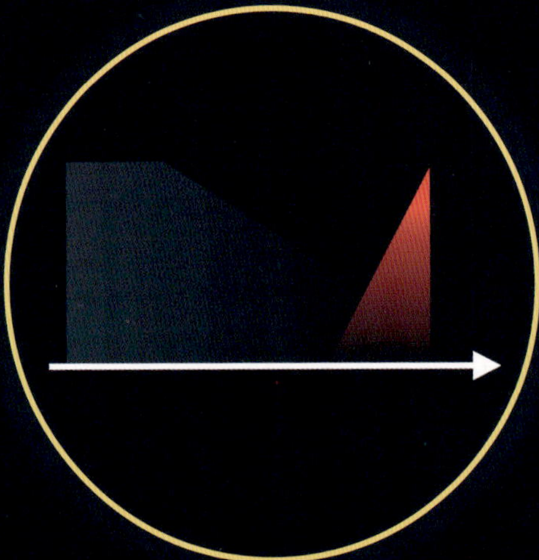

Model In Circle

# 首因效应 · 近因效应

## 首因效应

人们往往会根据最初接收的信息，形成一个不易改变的印象。

## 近因效应

当人接触一连串事物时，最新（最近）出现的刺激会影响人的印象。

我们经常受到首因效应和近因效应的影响，而且两个效应可以同时起效。

# 哪个更有效呢

## 时间差异

反馈 周期短 立即评价 二者皆可

反馈 周期短 延迟评价 首因起效

周期长 立即评价 近因起效 反馈

## 认知差异

近因起效 简单老板

首因起效 复杂老板

## 亲疏差异

近因起效

亲朋："昨天你一天没说话，怎么了？"

首因起效

陌生："相亲那次你穿西装，这次约会怎么穿T恤了？"

**我们可以根据不同的情况、条件、对象来把握我们的表现，以赢得社交优势。**

# 双目标清单

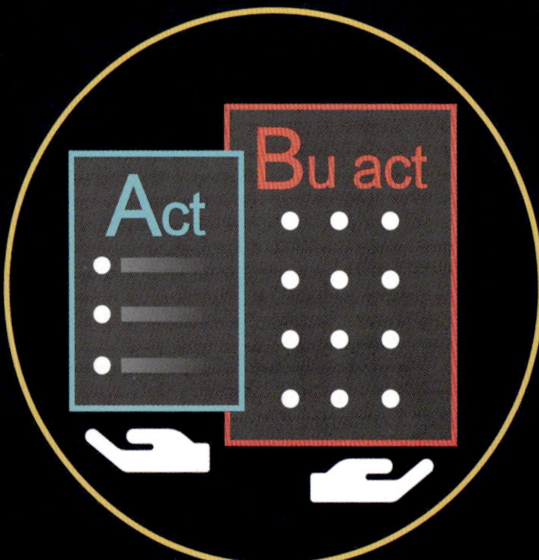


Model In Circle

# 双目标清单

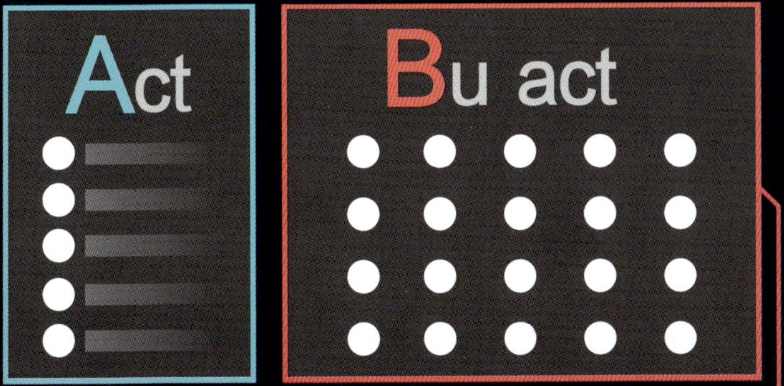


巴菲特的双目标清单思维，也叫25-5生产力法则。就是让人列出多个目标（一般是25个）后，提炼出最重要的几个（一般是5个），其他的目标不要管，集中精力完成这几个核心的目标。

**但有人会很纠结，没那么容易决定。舍不得放弃B目标的人，该怎么劝？**

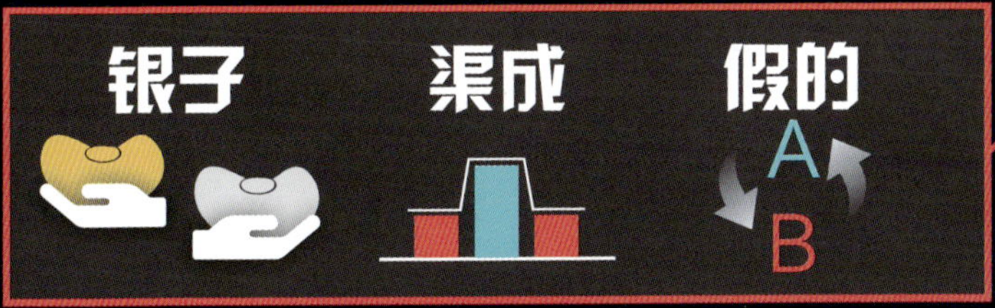


- 它是银子。银子是值钱，但你只有一双手，当然要扔掉银子抓金子！当你有了金子，银子在你眼里就不重要了。
- 它是渠，水到渠成的渠。你会发现，有些B目标和A目标有关联，可以让少部分A目标先完成，再带动大部分B目标共同完成。
- 它是假的。这些B目标应该排在A目标里。你在做排序时，没有把自己的感受放在评价的维度里。

# 护城河理论

Model In Circle

# 护城河理论

当企业占领一块市场后，就应思考如何防止竞争者进入、瓜分、抢夺市场，保证自己持续获利。我们要形成一个对手不易模仿的优势，一套易守难攻的经营战略，以防外来者进城掠夺本属于你的财富。总之，你应具有核心竞争力和不可替代性。

巴菲特认为最好的解决方法是：挖护城河

护城河理论有四个要素：成本优势 网络效应 无形资产 迁移成本

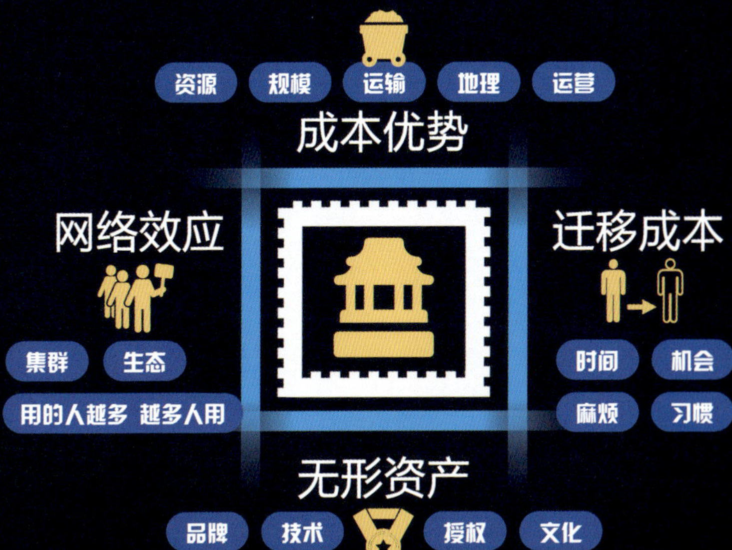


护城河建立后，我们不是高枕无忧了。优势可以被超越，对手也在研究你。

## 怎样保住护城河？

# 元认知

Model In Circle

# 元认知

## 1 什么是元认知

元认知是一个人关于自己的认知过程及结果或其他相关事情的知识，以及为完成某一具体目标或任务，依据认知对象对认知过程进行主动的监测及连续的调节。

简 对自己思考过程的认知、理解和调节　简 对认知的认知

## 2 认知和元认知的区别

| 层级 | 理解 | 表达 | 思考 |
|---|---|---|---|
| 认知 | 理解对方说什么 | 知道自己说什么 | 思考到了什么 |
| 元认知 | 知道对方的诉求/目的/潜台词…… | 知道自己为什么这么说/认为/表达…… | 知道自己的思考方式是什么…… |
| 元元认知 | 知道对方为什么会有这样的目的…… | 知道自己这么说有什么效果/后果 | 知道自己的思考方式有什么局限性 |
| 元元元…… | 他的目的是否正确 | 为什么我认为有效 | 为什么有局限性 |
| …… | …… | …… | …… |

也就是他们会比一般人多思考一步，多追问一下。
这就是元认知带来的人和人之间的差距。

简 洞察别人，反思自己　简 产生追问的方法

## 3 元认知的构成

简 使用认知方法，检验认知方法，调控认知方法

# 课题分离

# 课题分离

一切人际关系的矛盾，都因对别人的课题妄加干涉，或者自己的课题被别人妄加干涉。

——人本主义心理学先驱 阿德勒(Alfred Adler)

## 精神内耗 源于人好

### 减少烦恼的办法

① 首先分清楚
哪些是别人的课题
哪些是自己的课题

② 然后尽量做到
不干涉别人的课题
自己的不被别人干涉

### 课题分离

| 我的课题 | 场景 | 他的课题 |
| --- | --- | --- |
| 借不借他<br>该不该借<br>怕不怕不还 | 好友向你借钱 | 生气/不生气<br>要脸/不要脸<br>赖账/不赖账 |
| 我的表现<br>我行不行<br>我改不改 | 周围人评价你 | 他的评价<br>他的标准<br>他的看法 |
| 我搞砸了<br>我补救<br>我改正 | 你把项目搞砸了 | 他选择批评<br>他选择低估<br>他选择不信 |
| 我做我的事<br>我正常工作<br>我正常配合 | 你的同事讨厌你 | 讨厌/喜欢你<br>远离/亲近你<br>污蔑/理解你 |
| 与你无关 | | 与我无关 |

**课题分离是处理人际关系实用价值很高的心理学工具**

# 耶克斯-多德森定律

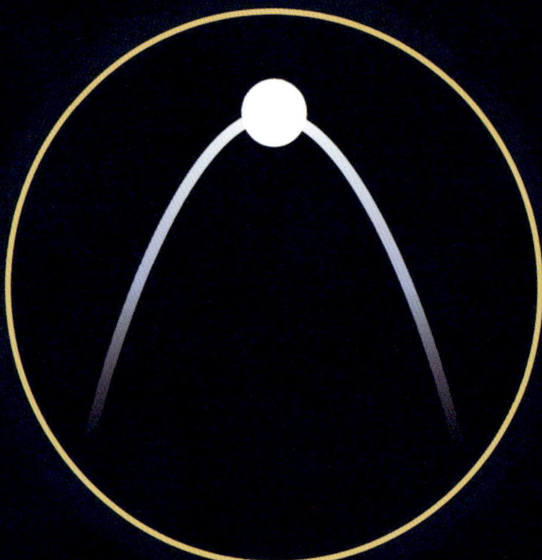

Model In Circle

# 耶克斯-多德森定律

耶克斯－多德森定律是一个描述关于动机、难度和效果之间彼此关系的一种理论：动机强度与工作效率之间并不是线性关系，而是倒U形的曲线关系。

① 动机适中，工作效率最佳；
② 动机过低，缺乏积极性，工作效率低；
③ 动机超过峰值，效率会不断下降。过强的动机会让人过度焦虑紧张，会干扰记忆、思维、行为的正常活动。

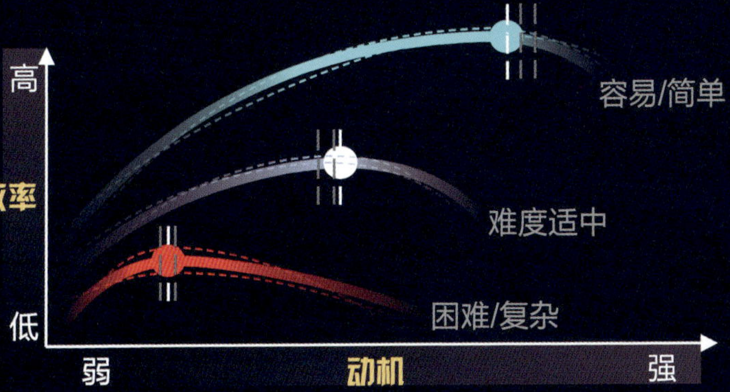


在工作、学习、表演及生活的许多行为中，都会出现这个规律：
① 当你很想要但又不那么特别想要的时候，表现最好。
② 不太想，就不太有效率；特别想，就怕做不好，容易发挥失常。

**现象1** 峰值位置会随难度递增，向更低的动机方向前移：
① 越困难/越复杂的任务，有点儿动机就会达到最佳效果。
② 更容易做的事情，在非常想做/不得不做时，效率更高。

**现象2** 个人阅历/经验/性格不同，峰值位置也会不同。

**现象3** 同一个人面对的任务不同，峰值位置也会不同。

在奔向一个目标或想达到一个目的时，多观察自己的状态和感受。不是越有野心 / 越有欲望 / 越想得到 / 越怕失去 / 越挑战极限，就会有越好的表现。

**不那么想得到　会更容易得到**

# 需求月牙铲

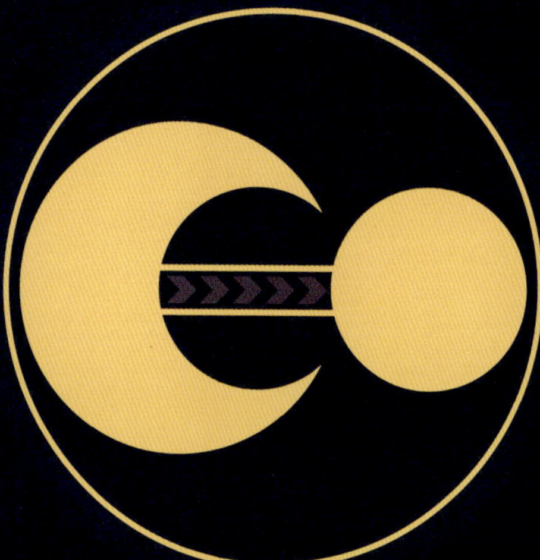

Model In Circle

# 需求月牙铲

## 营销的使命是
# 劝人行动

满足客户需求，让客户产生消费行为。

**营销 › 人 › 行动 › 需求**

## 需求就是 我想+得到+TA

我想：是理想画面下的现实缺失，是行动的原因。
得到：是采取行动的成本，是行动的过程。
TA：是现实中那个缺失的对象，是行动的目的。

三个要素的逻辑关系像一个月牙铲

**这样就可以** 提供方案

**其实很简单** 容易达成

**你应该更好** 挖掘需求

该模型可用到其他地方，如劝朋友做他该做的事：1.点醒他的缺失感；2.帮他分析利弊；3.帮他扫清心理障碍。这样他会在你的帮助下走出关键一步。

# 大冰山模型

# 大冰山模型

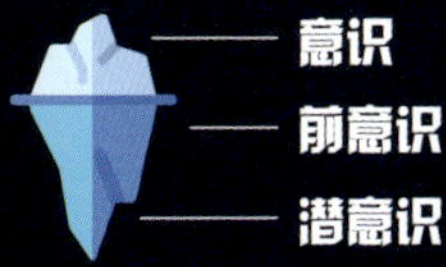


**弗洛伊德** 心理分析之父

人格就像海面上的冰山。露出的仅是一小部分，是有意识的层面；剩下的大部分处于前意识和潜意识层面，是别人无法察觉，甚至自己都难以感知的层面。

**萨提亚** 心理治疗大师

人的“自我”就像冰山，能看到的行为只是自我中很少的一部分；更大的内在世界却不为所见，包括行为的应对方式、感受、观点、期待、渴望和自我。

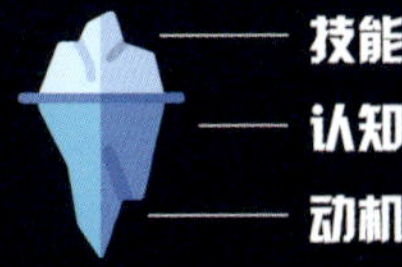


**麦克利兰** 心理学家

人的个体素质分为冰山以上和冰山以下。冰山以上包括知识、技能是容易发现的部分；冰山以下包括社会角色自我概念、特质和动机，是难以测量的部分。

各种冰山模型都有它的共通之处

## 深思熟虑 上下求索

在关键的问题上，不要轻易相信眼前能看得见的部分。

**而要深想一步，再深想一步！**

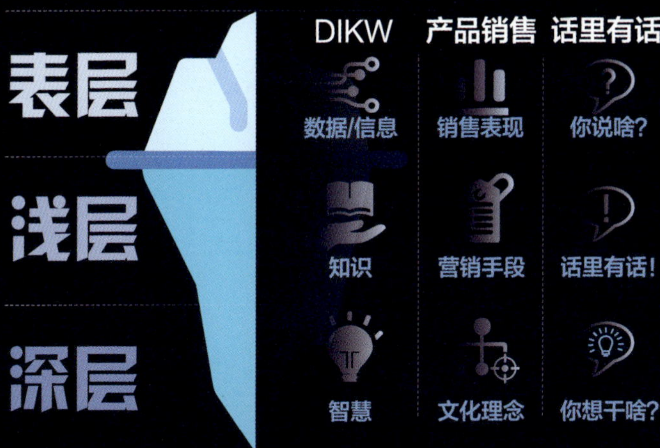

# 成长型思维

Model In Circle

# 成长型思维

心理学家卡罗尔·德韦克发现，决定人的差别和成败的是思维模式。人对能力的认知有两种不同的思维模式(心态)：

| 固定心态 | | 成长心态 |
| --- | --- | --- |
| 能力生来自带 即天赋<br>成长是证明天赋的过程 | 看待能力 | 天赋是能力的起点<br>通过锻炼得以提高 |
| 挑战是能力之外的事<br>能力之外不尝试 | 面对挑战 | 探索新边界的机遇<br>渴望这种提升的机会 |
| 成功需要保持 恐惧失败 | 成败 | 成功是开始 失败是收获 |
| 在意好评 讨厌差评 | 评价 | 接受任何评价 提高自己 |
| 获得好成绩 证明自己 | 学习观 | 拓展边界 |
| 不愿意尝试 | 新事物 | 愿意尝试 |

**Fixed MINDSET**

消极面对世界和自己的心态
是相信命中注定的心态

**Growth MINDSET**

积极面对困难和挑战的心态
是相信命不由天的心态

## 故步自封 ✗ ✓ 积极向上

成长型思维（成长心态）在个人成长、亲子教育、人际关系、职业发展等方面，成为很多平凡人成就不凡人生的主要动力。

### 成长型心态下的四点收获：

- 可以承认天赋的重要性，但它只是起点不是终点
- 自然地表达自己，不刻意隐藏自己
- 失败是一种收获，是成功路上的经验包
- 成长不以别人为标杆，以自己的过去为基线

# RICE全科问诊

# RICE全科问诊

RICE全科问诊模式是医学领域的一套问诊方法。

## RICE

Reason **原因** 你为什么来找我？ **你的背景**

Idea **想法** 你认为自己有什么问题？ **你的思考**

Concern **忧虑** 你最担心的是什么？ **你的价值**

Expectation **期望** 你希望我帮你什么？ **你的目标**

## 病不光找人 也不是只有人会得病

RICE全科问诊模式，可以应用到医疗之外的很多领域：

① 企业得病，导致发展受阻，需要投资公司的战略方案来治。

② 团队得病，导致管理效率低，需要咨询公司的人才培训来治。

③ 产品得病，导致卖得少，需要营销、产品、制造商三方会诊。

④ 人际关系得病，导致你对我不好，我们需要坦诚地聊一聊。

**怎么办？**

**RICE 强调以人为本，每一个问题，都在表达：**

R **我重视你** 你为什么来找我？

I **我在乎你** 你认为自己有什么问题？

C **我关心你** 你最担心的是什么？

E **我会帮你** 你希望我帮你什么？

**治疗不光治病，也包括治心。人先开心，病症易解。**

**若你的工作是给企业、团队、产品“治病”，那可以把自己当成医生，把对方当成来问诊的病人，引用RICE了解分析对方的病情。**

# 莫塔5问

Model In Circle

# 莫塔5问

全科医学专家莫塔问诊时常问的5个问题，被称为莫塔5问。
它可以帮助医生避免疏漏，其他领域也可利用这种思维得到启发。

| 原5问 | 引申5问 | 5问本质 |
| --- | --- | --- |
| 1 具有这种症状或体征的常见疾病有哪些? | 1 出现这种状况的常见原因有哪些? | 1 找出所有可能的原因 |
| 2 有什么重要的不能被忽略的疾病吗? | 2 有什么重要的不能被忽略的原因吗? | 2 找出其中重要的原因 |
| 3 有什么容易被遗漏的病因吗? | 3 有什么容易被遗漏的因素吗? | 3 检查没考虑到的原因 |
| 4 患者是否患有潜在的常被掩盖的疾病? | 4 是否还有潜在的常被掩盖的原因? | 4 追查其他关联原因 |
| 5 患者是不是有什么话还没有说? | 5 对方/客户是不是有什么话还没有说? | 5 搜寻更多未提及原因 |

这是个可以帮助人们全面分析、避免疏漏的思维模型，医疗之外还能被借鉴到调查、访谈、引导、分析等方面。搭配RICE全科问诊，启发效果更好。

Model In Circle

# MVP最小可行产品

Model In Circle

# MVP最小可行产品

MVP（Minimum Viable Product），最小可行产品，由Eric Ries提出。它是指用又快又简单的方式，开发一个可用的产品原型，并推向市场，来测试用户是否喜欢。企业开发新产品，往往会利用MVP模型进行低成本试错，不断改良并迭代完善。

**最小可行产品的要点只有两个：**

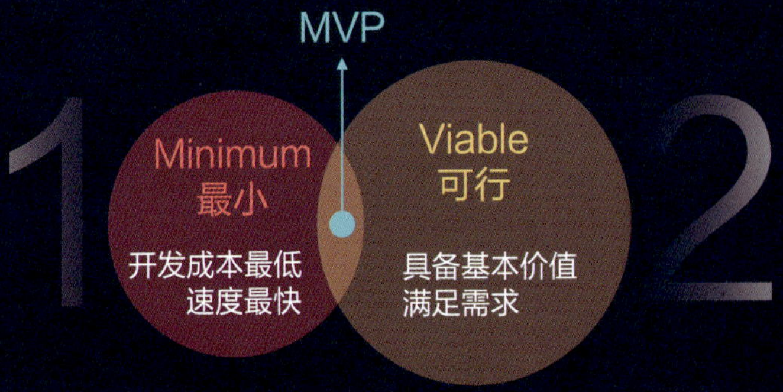


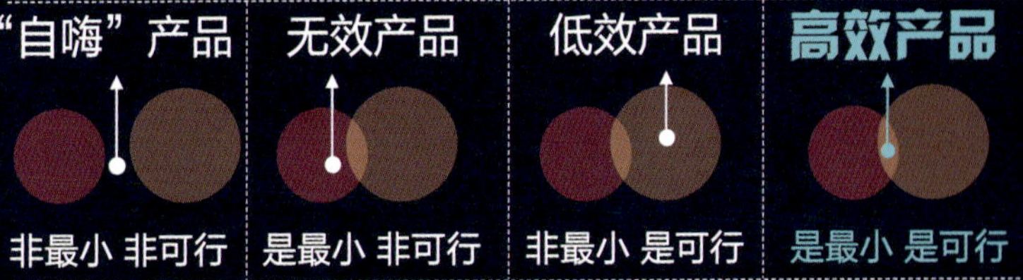


在职场工作、个人发展、生活娱乐等方面，当你面对多个选择时，可以构建一个Minimum Viable Plan（最小可行方案），降低试错成本，帮助你做出正确决策。

| 最小可行方案 | > | 高成本/风险方案 |
| --- | --- | --- |
| ① 用简短发言先向恩师表达感谢 | | ① 花好多心思准备厚礼，日后拜访 |
| ② 快速做出两套草稿先去试探方向 | | ② 精心准备一套方案被客户拒绝 |
| ③ 购买几个不同的小包装试用品 | | ③ 购买组合套装，不合适，成鸡肋 |

需要最小可行思维的地方很多，“不妨先弄个小的试试”确实好用。

Model In Circle

# 长尾效应

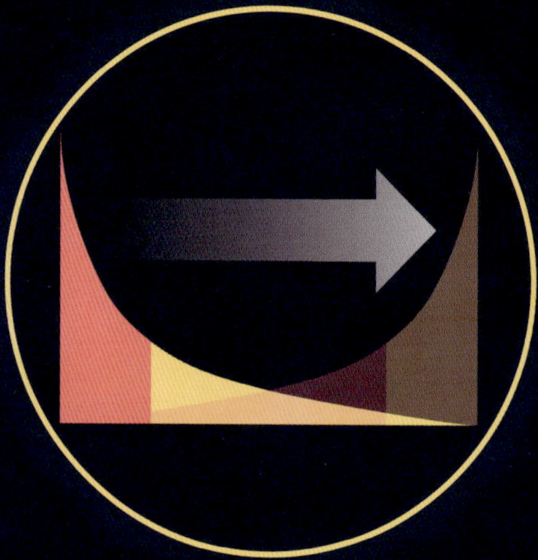

Model In Circle

# 长尾效应

**Long Tail Effect** 是幂律和帕累托分布特征的口语化表达。正态曲线中突起部分为寡头，平缓部分为长尾。

**企业**过度关注少数的大客户，而忽略低消费但数量多的普通客户。

**个人**过度关注少数重要的事，而忽略对自己仍有影响的大量琐事。

**模型意义**

高度不足的非主流市场仍然拥有市场潜力。我们需要对尾部区域施以同等的关注度。

**长尾成因**

是在现有规则下自然产生的大量品类被边缘化的结果。长尾产品各有各的难处和问题，很难被整合。

**解决思路：**重新定义长尾部分，建立新规则，整合成新的集合。

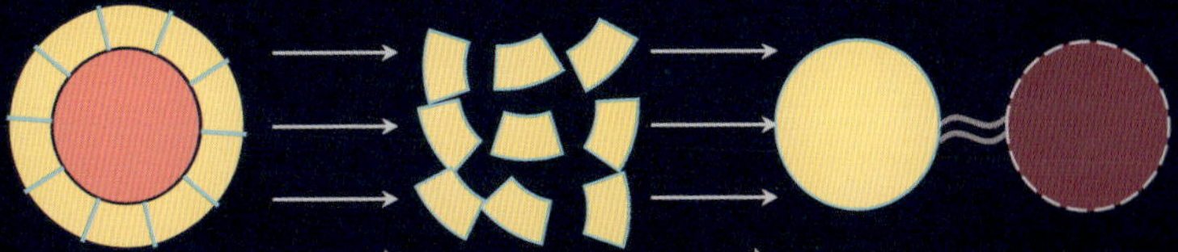

**切割现有定义** → **重新定义** → **整合成新的集合**

若把足够多的长尾部分整合到一起，就可形成一个堪比头部的市场。

**尝试从新角度定义边缘产品，将其整合成新规则下的头部势力。**

| 过去定义 | 重新定义 | 整合成功 |
| --- | --- | --- |
| 各类非主流口味食品 | 优惠零食大礼包 | 形成促销优惠礼包 |
| 实用性低的异形家具 | 创意个性空间 | 形成家具新势力 |
| 不适用的大容量水杯 | 健身喝水两不误 | 形成“吨吨桶”品类 |

Model In Circle

# (反)木桶原理

Model In Circle

# (反)木桶原理

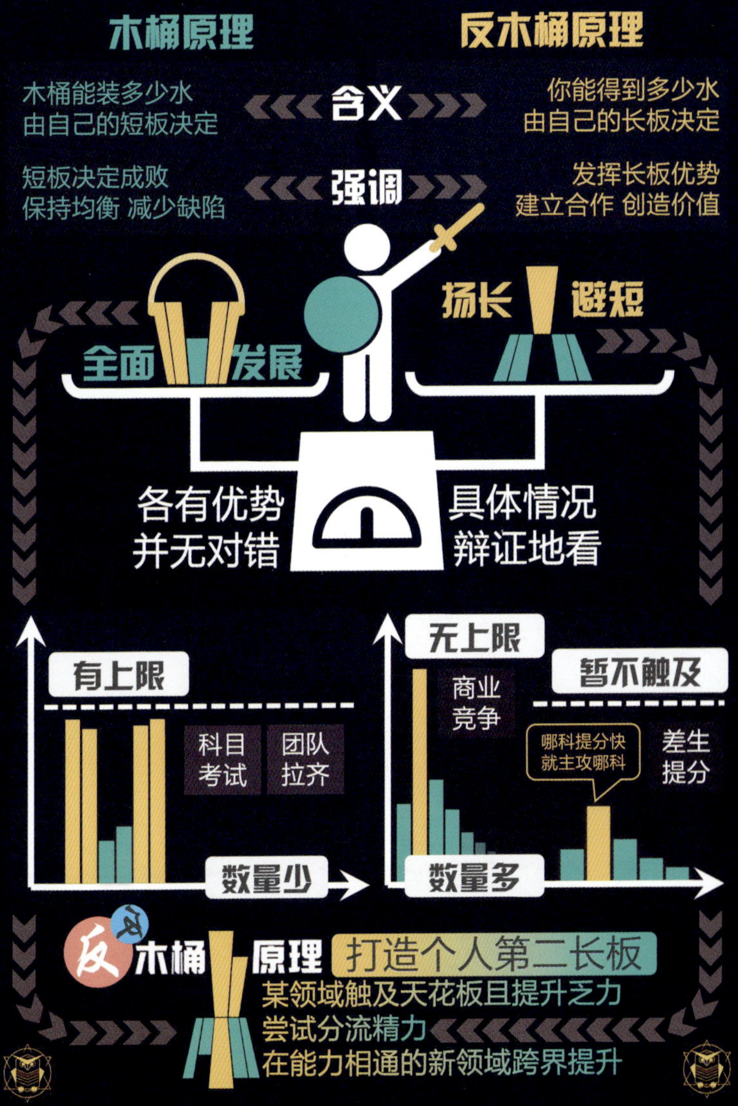
木桶原理
反木桶原理
含义
木桶能装多少水 由自己的短板决定
你能得到多少水 由自己的长板决定
强调
短板决定成败 保持均衡 减少缺陷
发挥长板优势 建立合作 创造价值
全面发展
扬长避短
各有优势 并无对错
具体情况 辩证地看
有上限
科目考试
团队拉齐
数量少
无上限
商业竞争
暂不触及
哪科提分快 就主攻哪科
差生提分
数量多
反木桶原理
打造个人第二长板
某领域触及天花板且提升乏力
尝试分流精力
在能力相通的新领域跨界提升

Model In Circle

# 3C战略三角模型

Model In Circle

# 3C战略三角模型

由大前研一提出，他强调成功的战略有三个关键因素，制定任何经营战略都必须考虑这三个因素。

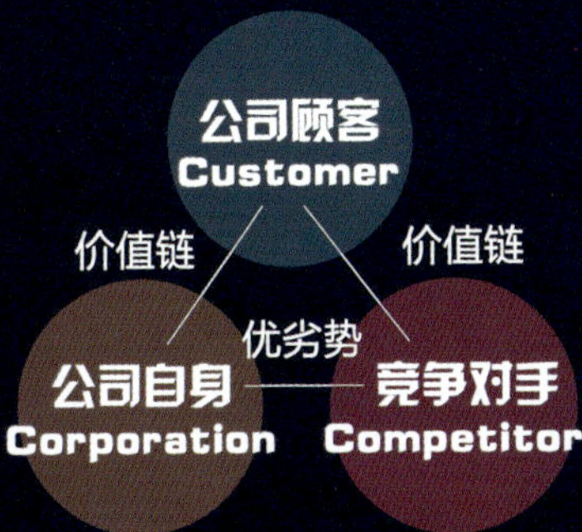


## 3C战略三角构成

1. 公司自身（Corporation）
2. 公司顾客（Customer）
3. 竞争对手（Competitor）

只有将公司、顾客与竞争对手整合在同一个战略内，可持续的竞争优势才有存在的可能。

## 战略三角本质

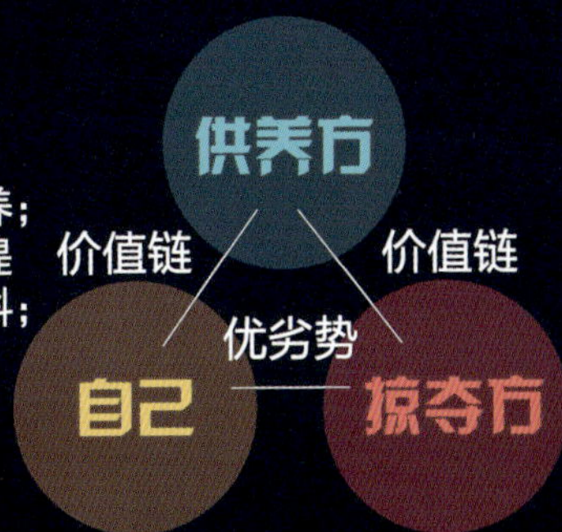


**关系本质：**

① 自己和掠夺方都需要供养方供养；
② 自己和掠夺方都需要向供养方提供价值，用以交换供养方的养料；
③ 自己需要比对手更有竞争优势。

**环境本质：**

资源有限情况下的零和博弈。

**战略核心：**

自己所提供的价值必须是供养方需要的，同时比掠夺方更有优势。

**一句话：在供养方关注的点上，让自己比掠夺方更有优势。**

在女朋友关注的价值点上比对方更有优势

在公司关注的价值点上比对方更有优势

在招标方关注的价值点上比对方更有优势

Model In Circle

# FAB销售法则

Model In Circle

# FAB销售法则

F 指特征（Feature），这个产品拥有什么属性、特点。
A 指优势（Advantage），这个特点具备什么功能和优势。
B 指利益（Benefit），这个优势能给用户带来什么利益。

表达了一个从“产品自身属性”到“消费者购买理由”的沟通过程

**特征** → **优势** → **利益** FAB销售法则

它是什么　它能做什么　它能为顾客带来什么利益

## 这更是一个非常好用的跨领域推荐模型

比如推荐自己

我有什么特点　特点有什么优势　可以给团队带来什么好处

追求表白 | 竞选演讲 | 面试应聘 | 介绍朋友 | 推荐分享都可以利用它

FAB好用，但用好的前提要清楚：

一个产品（人）常有很多不同属性（F），针对消费者（推荐对象）的利益需求（B）去选择推荐哪个（A）。

**FAB的逻辑完全版**

T指标签（Tag），推荐对象自身存在的特点。
C指选择（Choice），选择推荐对象的特点，去对应一个属性。

**T-C-F这个过程，就是推荐者识别推荐对象并挖掘他最关心的利益的过程。只有这个过程正确，后面的F-A-B才能发挥作用。**

追求表白 | 竞选演讲 | 面试应聘 | 介绍朋友 | 推荐分享还需要先考量对方更关心什么，然后结合自己的特征及优势，最终做出更准确的利益推荐。

Model In Circle

# STP营销战略模型

Model In Circle

# STP营销战略模型

市场汇集的客户千差万别，他们都有不同属性。若企业需要保证营销战略有效，就要遵循STP原则，对市场进行细分。

STP

**市场细分**
Segmentation

将大市场按照一些标准维度，划分成不同属性的小市场。

**目标市场选择**
Targeting

根据自身优势和发展战略，选择一个小市场。

**市场定位**
Positioning

在小市场中包装产品，开展营销活动，为消费用户提供价值。

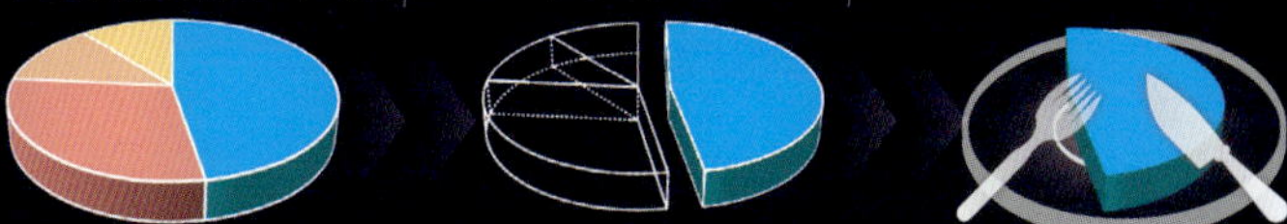

## STP市场细分理论是战略营销的核心内容

1. 有利于企业发掘和开拓新的市场机会
2. 有利于企业将资源合理利用到目标市场
3. 有利于制定/调整适用的营销/经销策略

市场定位Positioning只是开展营销的起点。STP之后还应该补充一个行动链路，才能拿到市场定位之后的营销结果。

STPST

## STP+营销地点（Site）+客户触达（Touch）

营销地点：选择目标客户经常出现的地点/现场/网络站点。
客户触达：以能触动客户的方式展现产品，促使其产生购买行为。

# NLP理解层次

Model In Circle

# NLP理解层次

NLP，Neuro-Linguistic Programming，神经语言程序学。思维逻辑层次是NLP中的一个工具。NLP思维逻辑层次也称理解层次。

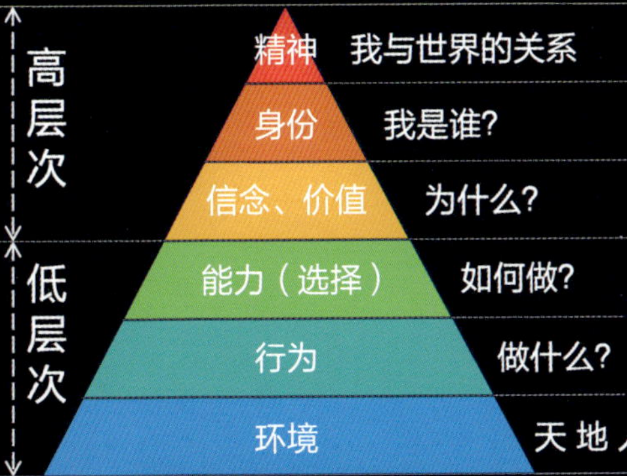


**高三层：** 用心思考才能意识到的层次

**低三层：** 比较容易被发现的层次

我们在看待一种现象或思考一个问题时，会有不同的角度/观点，而这些角度/观点，在NLP框架下，是有层次高低之分的。

“某个层次的问题，很难靠这个层次的思考来解决。也就是说，这一个维度里的问题，要到比它更高的一个维度里才能找到解决方案。”

**不同层次**
**不同视角**
**不同观点**

NLP思维逻辑层次能帮我们解决生活、工作、个人、家庭等当下的问题，面对未来也能帮我们拨云见日，降维破局。

**由上至下：** 主动规划，可以获得重大改变，但忽视现实，困难较多，容易失败。

**由下至上：** 被动规划，更容易取得成功，但过度依赖现实条件，缺少惊喜！

**思维不是二极单选，规划可以双重考量，取得发展的平衡。**

NLP是一个理解问题的工具，而非认知框架。我们不需要用它重塑世界观，否则可能会出现认知冲突和失调。

# 曼陀罗思考法

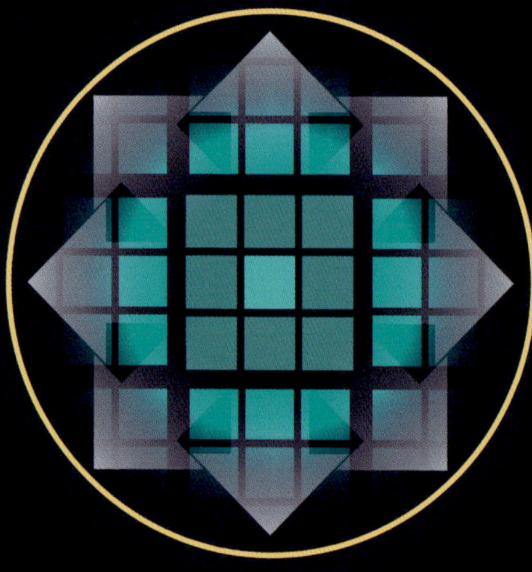

Model In Circle

# 曼陀罗思考法

曼陀罗思考法，又叫九宫格思考法，是从曼陀罗艺术图案中获得启发，并推行的一套兼具广度和深度的思考方法。

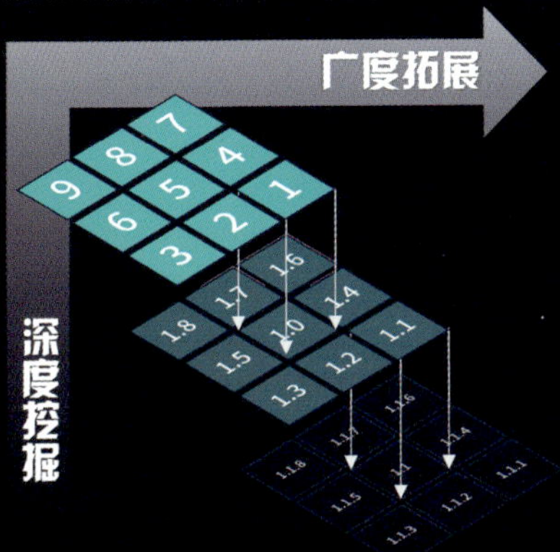


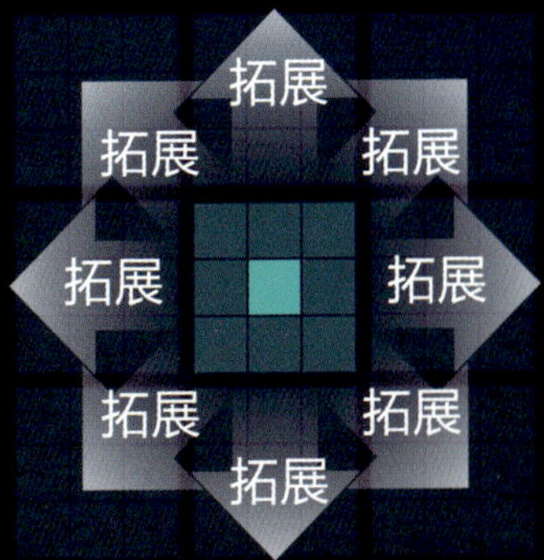


**深度用法：**
针对被延展的8个因素，再度延展出9宫格。找出8个因素的子因素。

**广度用法：**
画出9个格子，将课题填入中央，把与课题相关因素填入8个方向。

以此类推，直到找到问题的所在/有效的解决方案。

## 范围

成长类：知识笔记 | 自我反思 | 学习计划

职场类：营销策略 | 产品设计 | 品牌定位

创意类：企业管理 | 生涯规划 | 团队运营

生活类：沟通交流 | 问题解决 | 谈判破冰

## 优

1.量大：打开常规的线性思考的局限，迅速铺开大量可视化因素。
2.补缺：强制想出8个创意/关系/因素，想到之前未想到的因素。
3.快答：快速筛选有用的关键因素，并立即发现问题/答案所在。
4.高效：可以提高学习和解决问题的效率。

## 劣

最大的问题就在九宫格本身。有些主题关联因素不止8个，有些则难以达到8个。在一些情况下不能套用九宫格。

曼陀罗思考法只是辅助思考的工具，可以保留九宫格拓展核心思维，打破9的数字禁锢，活学活用，打开思路。

# OGSM目标管理

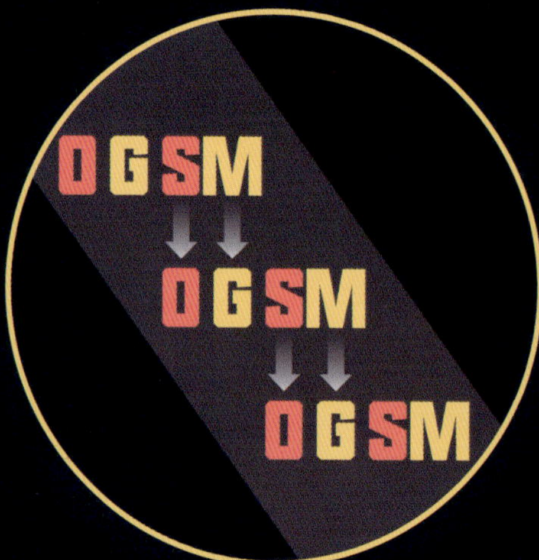


Model In Circle

# OGSM目标管理

OGSM目标项目化管理，是公司制定与执行策略及计划的管理工具。

| Objective | Goal | Strategy | Measurement |
| --- | --- | --- | --- |
| 目的 | 目标 | 策略 | 测量 |
| 主体要实现的方向/愿景 | 达到目的的具体任务/准绳 | 实现目标的方法/任务 | 对策略的可量化行为/标准 |

## OGSM 横向拉通

O 是什么　G 要什么　S 做什么　M 怎么做

是什么 ← 分解量化 ← 要什么 ← 达成措施 ← 做什么 ← 分解量化 ← 怎么做

保证目标与结果强关联：每个环节都对前一环节“因果对准”且“拆解充分”，只要本环节做到，前一环节就能达成。

## 纵向贯彻

上级任务便于落实：它可以由上至下逐级传递，上一级的S和M是下一级的O和G。

下级承接避免偏漏：下级承接时，可以将上级的S和M，直接抄下来作为本级的O和G。

如何让目标得以落实成计划，且计划又能实施，直至达成目标？

**OS负责定性 & GM负责定量**

保证计划的有效性　　保证计划的可行性

**要保证定性+定量同时存在且相互关联**

# PREP表达方式

Model In Circle

# PREP表达方式

演讲不知如何开口？ 写作不知如何下笔？

表白总是磕磕巴巴？ 汇报拖沓废话满篇？

## 一个万能的表达工具

| Point | Reason | Example | Point+ |
|---|---|---|---|
| 表达观点 | 解释原因 | 列举例子 | 升华观点 |

### 即兴演讲

这次我很开心
因为很久没这么开心
上次这么开心还是在上次
希望下次也能这么开心

### 快速写作

所思所想一段
论证思想一段
讲个故事一段
写个金句一段

### 紧张表白

我对你有好感
因为你会做饭
尤其昨天那顿红烧肉盖饭
让我对你很有好感

### 紧急汇报

领导这活不能接
对接这人不专业
上次就是因为他
让你赔钱又吃瘪
……

当然如果对话足够短，PREP甚至可以简化成PRE，不必重复P。

**PERP优势：快且够用**

**快，是因为P结论先行**

一般表达ERP：“E开始我发现 + R然后我分析 + P所以我认为……”
说者需要时间，听者需要耐心。

**够用，是因为逻辑完整**

P–让对方知道 R–向对方解释 E–用案例说服 P–让对方接受

相当于表达范畴的MVP（最小可行产品/方案）。效率为王。它可以帮你把想说的先抛出来，对方想听的先收入耳朵。如果对方认同了，后面的REP甚至都可以省略。

# SECI知识创造

Model In Circle

# SECI知识创造

SECI模型是对知识创造和管理提出的新颖认识，
是针对企业中的知识管理架构而提出的独特见解。

**隐性知识 | 可意会感受**
个人的感悟、经验、体验、认识

**显性知识 | 可视化载体**
形成的语言、文字、影像、模型

**隐性知识→显化**

**隐性知识** / **显性知识**

| 社会化Socialization | 外在化Externalization |
| --- | --- |
| 个人内心感悟的非正式交流，形成并发现个人明确感悟。 | 个人明确感悟的单独分享，形成可公开表达的知识。 |
| 内隐化Internalization | 组合化Combination |
| 广泛传播的系统知识被更多的人接收，形成不同的内心感悟。 | 公开表达的知识相互融合，形成系统知识并广泛传播。 |

入显 出隐 出显 入隐

**隐化←显性知识**

个人/团队/企业成长管理启发：为了能够让自己获得更多知识、创造更多知识，需要在知识转化的每个环节打造相对应的场。

**场：理论描述四个知识转化阶段都有自己特定的环境/空间**

## 场

**创始场Originating Ba**
个体分享经验的空间
非正式的安静环境+可以交流感受的人

**对话场Interacting Ba**
个人经验整理成公开知识的空间
感悟落笔成文/知识分享平台/个人分享会

**练习场Exercising Ba**
促使系统知识成为个体感受的空间
社群交流/读书空间/课堂学习/培训会

**系统场Systemizing Ba**
将显性知识组合成系统知识的空间
思考/总结/反思时间/摸索和联结

# 共鸣能量释放

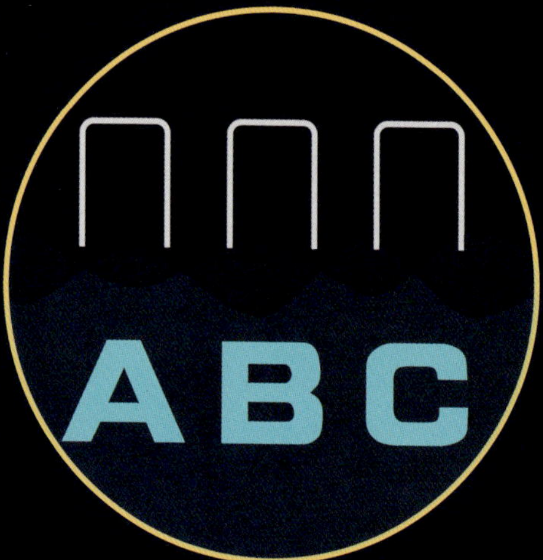


Model In Circle

# 共鸣能量释放

共有知识：大家都知道，但大家不知道彼此知道
公共知识：大家都知道，且大家都知道大家知道

## 共有知识 公布 → 公共知识

从共有知识到公共知识的转化，可以激发巨大的能量

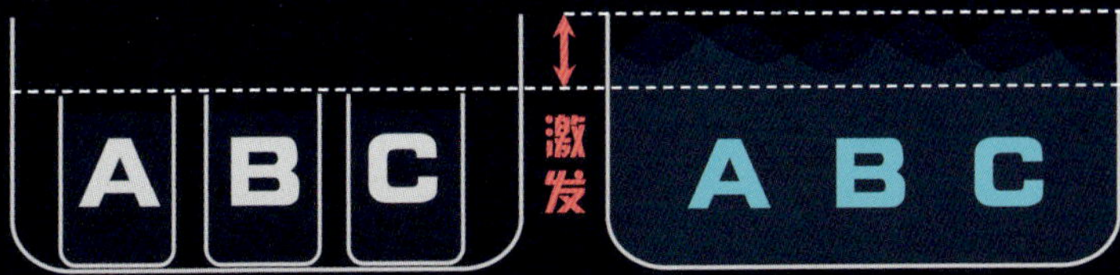


### STEP1
**共有知识的客观培养**

相似经历
能量积累

### STEP2
**共有知识的主动挖掘**

自我感受
小众交流
能量确认

### STEP3
**共有知识的披露**

获得共鸣
能量迸发

激发点

### STEP4
**成为公共知识**

回归平静
能量均衡

### STEP5
**公共知识讨论和感悟**

培养新的
共有知识

共有知识的披露可以获得“共鸣”，激发巨大的社会能量

政坛演说
赢得选票

快来
救人呀！

来啦！

影视剧集
刻画生动

小品表演
获得喝彩

自媒体作品
成为爆款

**点醒群众梦想/希望的一个号召，可以促成波澜壮阔的时代革命**

# SOLO分类评价理论

Model In Circle

# SOLO分类评价理论

SOLO分类评价理论（Structure of the Observed Learning Outcome）意为：可观察的学习结果的结构。这是一种以等级描述为特征的评价方法。

**在教学/培训中，学生/学员解决/回答一个问题时，分为5个层次。**

| 层次 | 描述 |
|---|---|
| 前结构层次 prestructural | 学生基本无法理解问题和解决问题，只能提供一些逻辑混乱、没有论据支撑的答案。 |
| 单点结构层次 unistructural | 学生能找到一个解决问题的思路，但只凭一点儿论据就跳到答案上去。 |
| 多点结构层次 multistructural | 学生能找到多个解决问题的思路，却不能把这些思路整合起来。 |
| 关联结构层次 relational | 学生能找到多个解决问题的思路，并能把这些思路结合起来思考。 |
| 抽象拓展层次 extended abstract | 学生能对问题进行抽象概括，从理论高度分析问题，而且能深化思考，使问题本身的意义得到拓展。 |

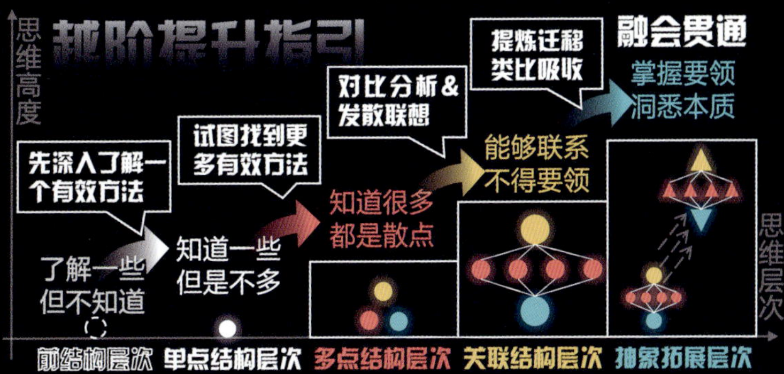


SOLO分类评价理论可以帮助老师了解学生吸收知识的程度。在个人成长中，我们也可以把自己当作学生，利用SOLO进行自我考评或检查目前自己所在的层级，并依赖SOLO层次结构进一步向上层求索，引导自己强化学习效果。

# 贝勃定律

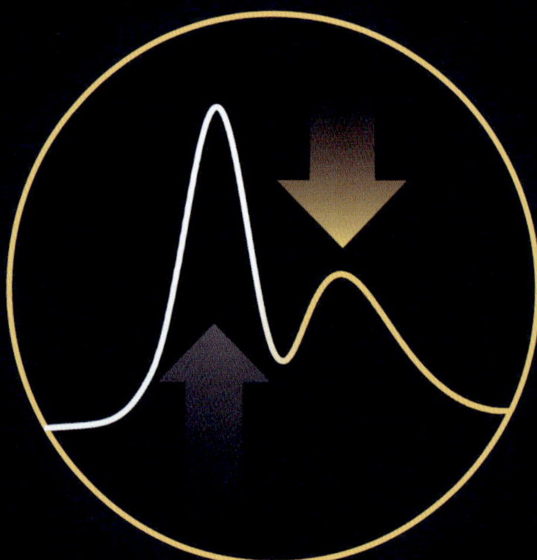

Model In Circle

# 贝勃定律

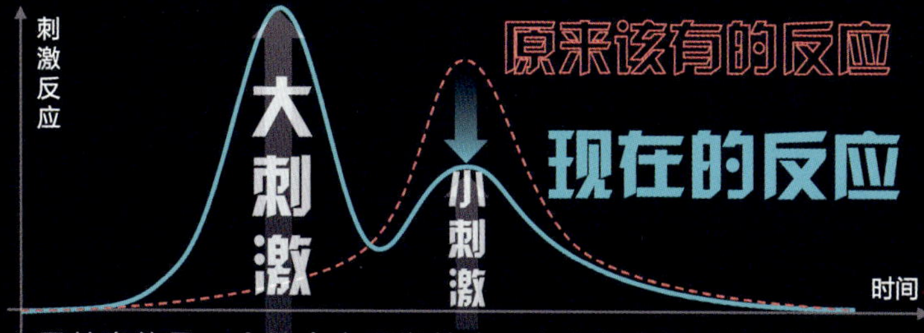


贝勃定律是一个社会心理学效应。当人经历强烈的刺激后，再施予的刺激对他来说就变得微不足道了。从心理感受来说，第一次的大刺激会冲淡第二次的小刺激。

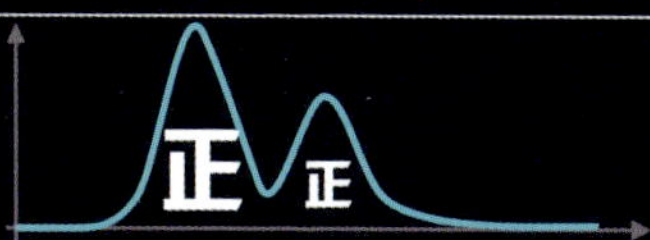


**正刺激冲淡正刺激**

生日收到男神的鲜花，再收到闺蜜的小礼物时，不会那么惊喜。

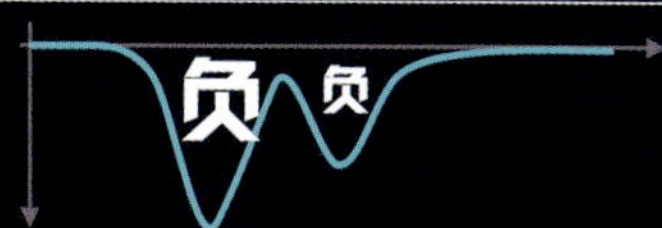


**负刺激冲淡负刺激**

刚刚被分手，稍后喜欢的杯子又摔碎了，但觉得这不是事儿了。

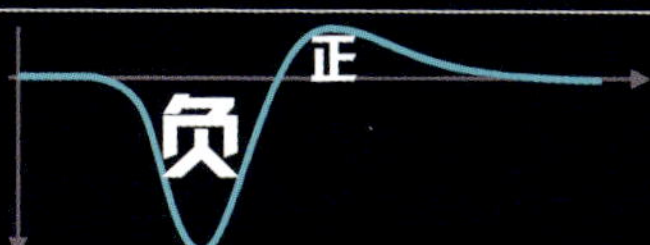


**负刺激冲淡正刺激**

白天被炒鱿鱼，晚上的红烧排骨也没那么香了。

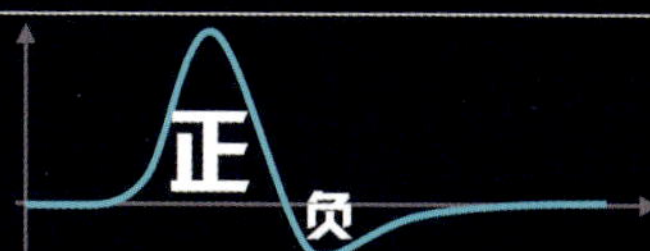


**正刺激冲淡负刺激**

今天发了奖金，回家的路上新鞋被踩脏了，但不会那么生气。

## 引申

**1. 持续而稳定的刺激会递减，并出现认知偏差。**

- 对高薪资习以为常，对没奖金甚是不爽，但高薪资的收获远大于奖金。
- 陌生人的偶尔帮助容易感动，枕边人的默默关怀不易察觉。

**2. 递减是双向的，正负刺激都会回归到平常心。**

- 次次给客户创造惊喜，次数多了客户感觉不到惊喜。
- 老毛病天天犯，以前很烦，现在有点儿习惯了。

**3. 可以主动应用贝勃定律达到目的。**

- 拆屋效应/门面效应：先提大要求，对方拒绝；再提小要求，对方接受。
- 先铺垫一个假的大刺激让其虚惊，再暴露原来的小刺激，容易被原谅。

# 蔡格尼克记忆效应

Model In Circle

Model In Circle

# 蔡格尼克记忆效应

一种记忆效应，指人们对于尚未处理完的事情比已处理完的事情印象更加深刻。

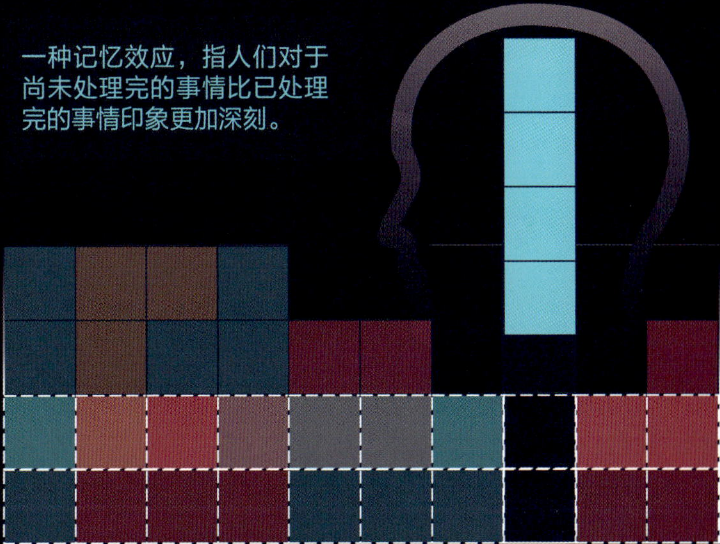

## 底层动力

**与生俱来的完成欲。**

可以促使我们完成工作，但也会让我们对过于困难的工作产生反感。

## 两种极端

**过分强迫**—非做完不可，导致其他重要的事情被耽误；

**过分消极**—没啥长进，只爱“开始”，没有“善终”。

## 效应利用

### 1.加强记忆：刻意让自己处于基本完成的状态。

**使任务完成度达到99%，余1%**

不太满意的报告留下总结段落不写，空着，过两天可能会想出更好的整体表达结构或结尾金句。

**完成一遍100%，再回归到50%**

做错的题，知道参考答案后，其实没有真正记住；将答案擦掉，帮自己时常预演回答过程。

### 2.缓解压力：将大而难的“未完成”分割成小而易的“已完成”。

比如把马拉松比赛分割成很多个100米，跑完这个100米，即“完成”了这个100米，减小“始终完不成”的精神压力，最终抵达终点。

# 笛卡儿思维模型

Model In Circle

# 笛卡儿思维模型

笛卡儿思维模型，即批判性思维，起源于怀疑论。

## 1. 应用步骤

**① 怀疑（质疑旧观点）：**
遇到任何观点，先持怀疑态度。

**② 分析（拆解旧观点）：**
分析条件真伪和条件与结论的逻辑关系。

**③ 求证（建立新观点）：**
推演逻辑准确性并重新调整补充条件，完善逻辑。

**④ 检验（质疑新观点）：**
以批判性思维再度检验新逻辑的准确性，获得新结论。

## 2. 先“杠”再说：90%的人只做第1步。

先表示反对、产生怀疑。提出否定论点后，再找符合自己论点的论据进行论证，却没有对“自己的怀疑”保持怀疑，论证方法还是常规逻辑。

## 3. 对怀疑的怀疑：把怀疑后的3步走完。

笛卡儿思维模型，鼓励怀疑一切，这“一切”也必须包含自己（第4步）。

**怀疑只是手段，接近真理才是目的。**

若P则Q？
若P则非Q？
若非P则Q？
若非P则非Q？

## 那真相到底是什么？

笛卡儿思维模型鼓励多怀疑，不盲从，从而更接近真理。尤其在表达观点前，需要思考其他可能的情况，才能保证逻辑的严谨和观点的准确。

**引申思考** 你是否对我对笛卡儿思维的理解产生怀疑？你的理解又是什么？

Model In Circle

# 汉密尔顿定律

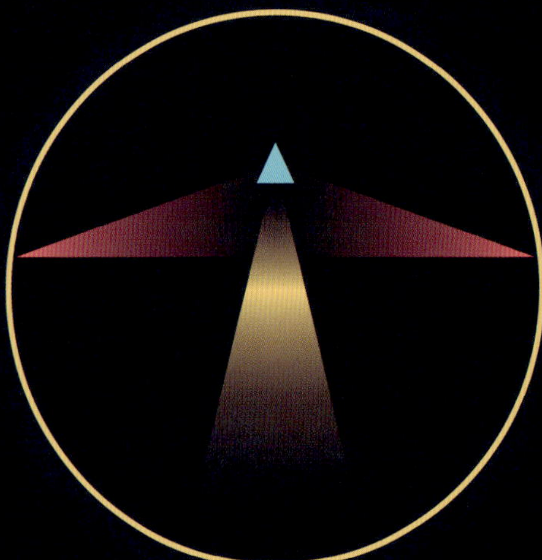

Model In Circle

# 汉密尔顿定律

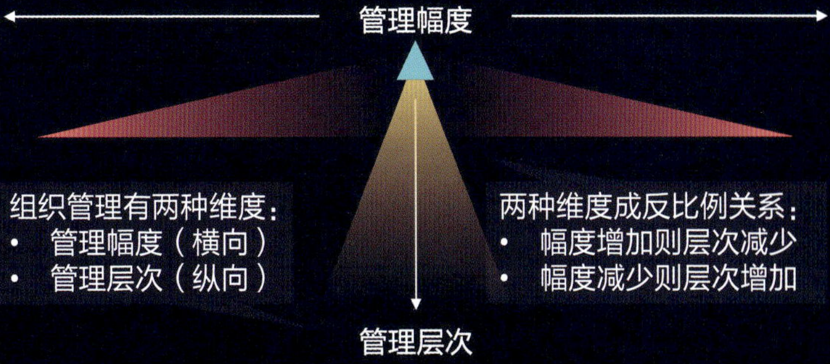


组织管理有两种维度：

- 管理幅度（横向）
- 管理层次（纵向）

两种维度成反比例关系：

- 幅度增加则层次减少
- 幅度减少则层次增加

**古典组织理论学家厄威克认为：**
管理幅度是有限的，每一个上级直接领导的下级以5~6人为宜。

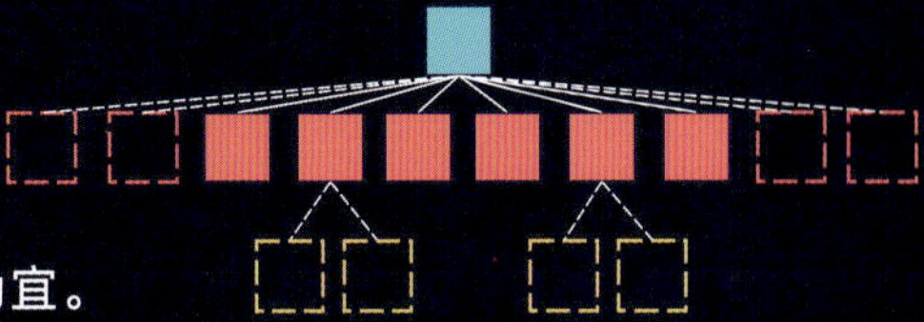

## 影响管理幅度的5种主要外力

**管理能力：** 管理者领导水平越高，管理幅度越大；反之，幅度越小。
**权力分配：** 权力越分散，管理幅度越大；反之，幅度越小。
**组织性质：** 家族企业嫡系集权，幅度小；跨国公司本地分权，幅度大。
**工作类型：** 复杂程度越高，管理幅度越小；反之，幅度越大。
**社会效率：** 社会发展推进工作细分/整合，管理幅度变大/变小。

## 汉密尔顿定律的上升与下沉

**上升：** 业务发展（专业化还是多样化）与战略决策（做大还是做强）
**下沉：** 个人发展（专才还是全才）与能力提升（深化还是泛化）

思维启示：公司/团队/管理者个人的管理幅度要以上述外力为前提，考虑自身实际情况，确定合理的管理幅度。不可盲目垂直化、过度扁平化，降低管理效能。

Model In Circle

# 框架效应

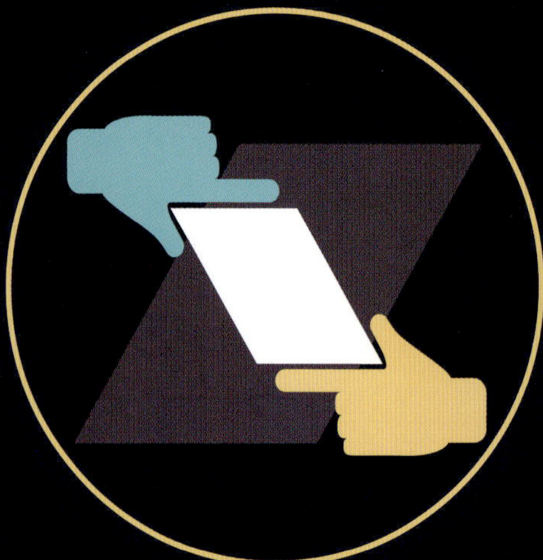

Model In Circle

# 框架效应

相同的问题以不同的方式描述出来，会导致接收方有不同的判断。

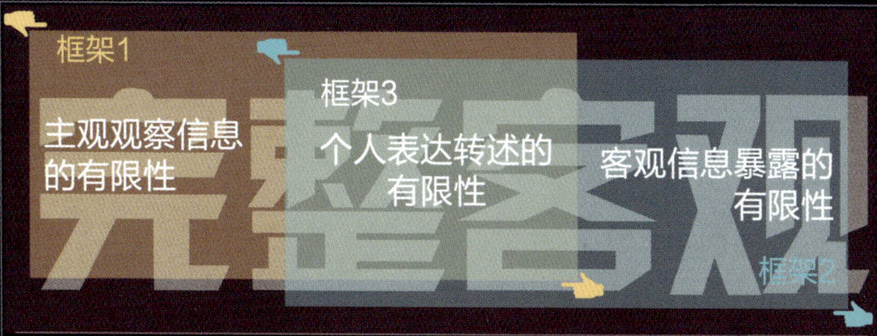


**框架效应无处不在**

媒体传播引导 | 调研数据引导 | 沟通劝说引导

**例：某种疾病会导致600人死亡，但有两种治疗方案可试试**

| 强调生还的表达框架：一种说法 | 换种说法：强调死亡的表达框架 |
| --- | --- |
| A方案：让200人生还 | A方案：400人将死去 |
| B方案：1/3概率全部生还，2/3概率无人生还 | B方案：1/3概率都不会死，2/3概率还是会全部死去 |
| 72%的人选择A方案 | 78%的人选择B方案 |

**如何利用框架效应？**

## 趋利避害

攻：修改对方框架，挑明利害关系，引导对方做出对你/对他有利的决策。

方法：强调对方利益，降低对方对损失的过度关注。

防：避免被自我/对方的框架所限制/引导，从而影响判断。

方法：独立思考/数据挖掘/客观调查/批判性思维。

Model In Circle

# 前景理论

Model In Circle

# 前景理论

前景理论，也叫展望理论，由丹尼尔·卡尼曼和阿莫斯·特沃斯基提出，基于参考点的不同，每个人会有不同的风险态度。

## 确定性效应

多数人不愿意冒风险去选择期望收益更大的选项

## 反射效应

多数人因为心存侥幸而放弃选择期望损失更小的选项

## 小概率迷恋

小概率的大事件很少发生，但人们还是热衷于买彩票

## 损失规避

白捡100元的快乐难以抵消丢失100元的痛苦

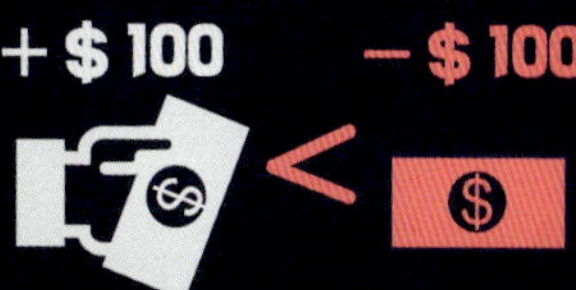


## 参照依赖

参照相对值，不看绝对值

## 避害 > 趋利

**人性方面的本质原因**

避害能保证生命的存续
存续以后才有机会趋利

总结：厌恶损失是表象，还有各种需要权衡利弊的深层考虑埋藏在普通人的潜意识中，这可能是导致普通人更厌恶损失的原因。

Model In Circle

# 帕金森定律

Model In Circle

# 帕金森定律

历史学家&政治学家诺思科特·帕金森发现：

“组织机构所完成的工作与工作人员的多少无关，管理层次的增加与工作本身也无关，组织机构臃肿低效是由一个规律性的动机导致的。”

**工作的增加只是为了填满完成这一工作时可资利用的时间。** ——帕金森定律

**时间太满 增加部下 → 就选C**

不称职管理者的出路有三条：

A 申请退职，把位子让给能干的人 ✗

B 让一位能干的人来协助自己工作 ✗

C 任用两个水平比自己低的当助手 ✓

不称职助手的出路：

A 让位能者 ✗

B 能者相助 ✗

C 更庸者助 ✓

**时间不满 增加工作 → A+B**

A 单人完成变多人协作，所产生的沟通成本增加，流程烦琐。

B 增加与工作弱相关或无关的新工作，不让闲着，瞎折腾。

**帕金森定律也会给组织中的个人带来危害**

不思进取 + 能力退化 + 与外界脱钩

**个人重新面向社会 竞争力下降**

**企业层面 进位进人**

A 分清人员，合格为60分、称职为100分、优秀为120分，称职≠优秀，称职者留任而非提拔。

B 吸引人才，保持人才供给充分。避免无人可用，半吊子上架。

**个人层面 称职以上**

A 进一步看清自己，清楚自己是否提升后仍然称职，避免应用帕金森定律后能力退化。

B 退一步放过自己，有些好处并不总在比现在更高的位置上。

# 彼得原理

Model In Circle

# 彼得原理

劳伦斯·彼得通过对工商、教育、军政等各个组织中的失败实例进行分析并归纳，发现一个在层级组织方面的管理规律：

**在等级制度中，每个职工总趋向于上升到他所不能胜任的位置。**

职工若在原岗位上表现出色，就会被提升到更高一级岗位。若在这个级别仍能胜任，那么他将被进一步升职，直至到达不能胜任的位置。

这将导致组织中每个岗位最终都被不称职的员工占据，组织中的工作由不称职的员工完成。

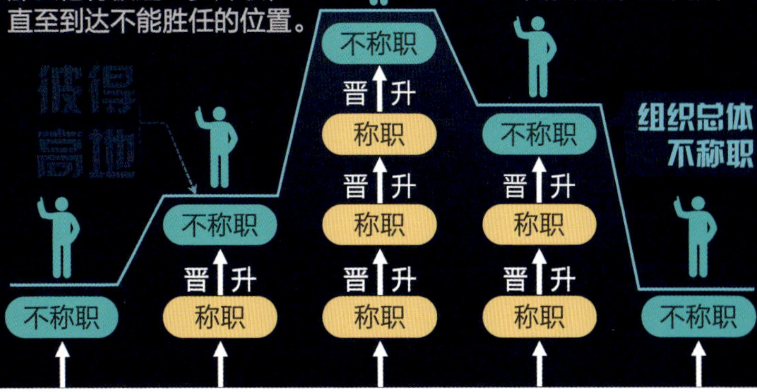


## 发生条件

1 只要称职就会被升职
2 不称职也不会被降职
3 上级想证明自己的眼光
4 个别人才太沉迷挑战

## 忽略客观

1 忽略个人成长需要时间
2 忽略伯乐识别人才的眼光
3 忽略业务外的其他方面
4 忽略组织发展处于猛涨期

## 应对策略

1 区别本职能力与潜在能力
2 提供升职之外的奖励机制
3 权衡公司利益识别假升职
4 注意沉迷挑战导致不胜任

## 应对策略

1 升职后给出一个考察期
2 相信对人才未来的判断
3 关注软实力/身体/服从度
4 人才招/培速度跟上组织

Model In Circle

# 墨菲定律

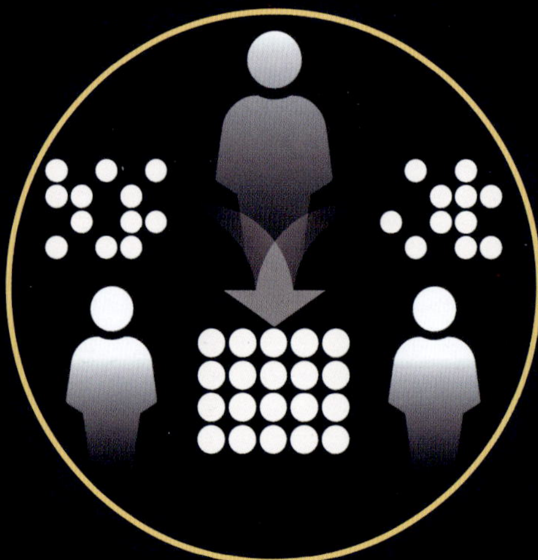

Model In Circle

# 墨菲定律

# 怕啥来啥

只要有风险就一定会出问题；担心出错就一定会出错。

墨菲定律是由心理共鸣引导而产生的认知偏误

它描述的是心理效应，但并不表达客观事实

有惊无险的记忆容易遗忘 → 怕啥来啥的记忆印象深刻 → 相互表达形成强烈验证

## 墨菲定律实际工作原理

## 始于心理　作用于行为

平常不出错的地方，心态变得不平常了，就会出错。
心理暗示会导致注意力和行为反常，使风险更易变为现实。

平常—不出错 → 不平常—出错

例 **对别人**

嘱咐对方别掉链子，他因为关注差错，而导致更容易掉链子。

例 **对自己**

提醒自己别失误，会更在意失误，导致更容易失误。

**专注一种正确比提防一百种错误更好一点儿。**

# 吸引力法则底层思维

Model In Circle

# 吸引力法则底层思维

# 想啥来啥

## 底层逻辑

### 1 改变了思想的出发点

世界观

**你给世界什么**
**世界给你什么**

| 小气的人<br>周围人对他<br>斤斤计较 | 大度的人<br>周围人对他<br>更多包容 |
| --- | --- |
| 计较世界 | 包容世界 |

### 2 切换了观察的新方向

价值观

**你以什么方式看待它**
**决定了它会回应什么**

**病人视角** —— 病友来了
**创业视角** —— 人才来了
**求偶视角** —— 对象来了

### 3 强化了行动的内驱力

方法论

**心 有所期**
**行 有所动**

孤单 → 去聚会 → 新朋友 → 聊聊天 → 知己

看似你吸引了知己

实际一直是自己在行动

**吸引力不源于客观被动，而源于你的主观能动。**

Model In Circle

# 逆向思维

Model In Circle

# 逆向思维

逆向思维，也称求异思维，是反其道而思之的思维方式。从问题的对立面/相反面探索，来获得答案。

不要想着去做什么
而是想着不做什么
不要想着如何成功
而是思考避免失败

**什么时候使用逆向思维？**

**正求难解**
当传统思考难以求解时

**寻求新解**
当现有答案不满足预期时

**验证检查**
不清楚目前答案是否全面时

**正向岔路太多**

**结果出发**

**2 逆向洞察，发现起点上的新角度或起点前的新捷径。**

例：某职业统考，本届人多，下届人少
正：加大备考力度，拿高分，异军突起，难度大。
逆：今年积累经验，明年考，减少竞争，更容易。

**1 逆向思考，屏蔽正向思考的岔路和干扰。**

例：司马光砸缸，水深，人小
正：让人离开水，力气小—容器大—工具少，需要条件多。
逆：让水离开人，水—容器—破坏容器。

## 如何使用？

**很多人表示逆向思维好用，但不知为何好用！**

# 诺依曼模型

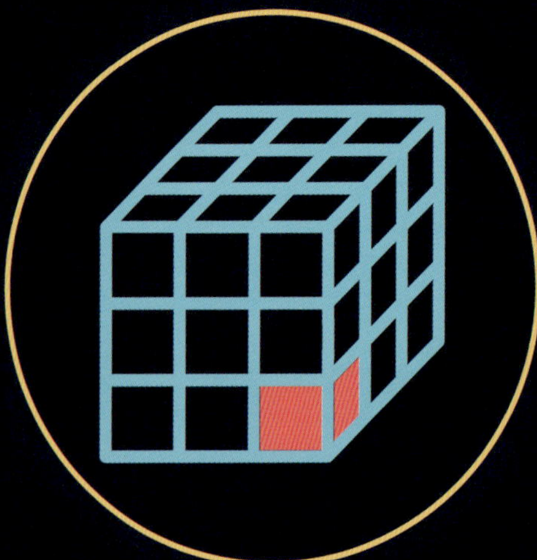

Model In Circle

# 诺依曼模型

现代计算机结构发明者冯·诺依曼有一种思维方式:将大问题分解为极小的细节，把极小的细节组合成具有任意指定属性的大问题。

## 应用对象：较为系统/庞大/复杂的对象

学习知识 | 解决问题
处理项目 | 分析案例

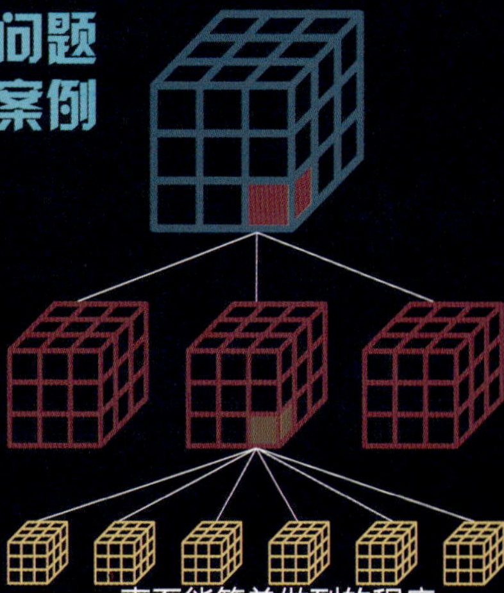


**关键：**
对整体对象进行持续分解

↓

**问题：**
不知道分解尺度终点

↓

**导致：**
分解不足或分解过度

↓

**分解不足：**
消化领域知识 只到章节概述

**分解过度：**
改善人体健康 甚至原子电子

↓

**解法：最小有意义单位**
能解决问题的+能简单做到的

# 多环集合思维模型

Model In Circle

# 多环集合思维模型

围绕一个问题，定义不同属性的集合。通过相互交叠，产生新的有意义的集合。它是帮人们捋清思路的直观思考工具，也叫韦恩图。

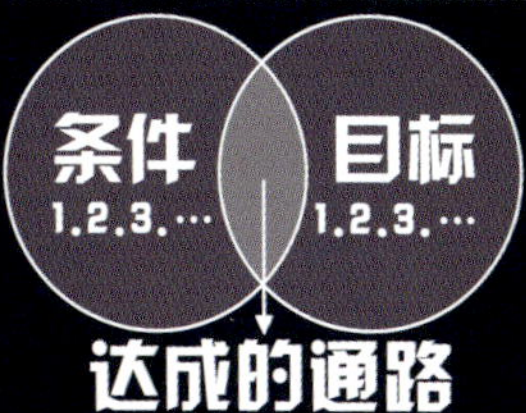


## 判断取舍/明确方向

条件是客观，目标是主观。
韦恩图可帮我们在客观条件与主观目标之间找到一条通路或达成交集。

### 判断取舍

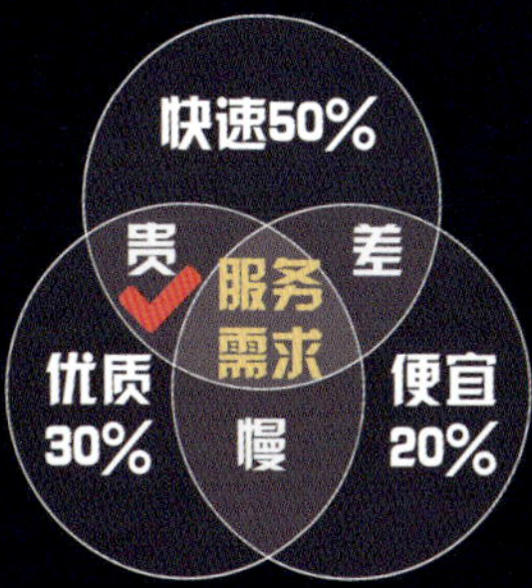


反义填空，明确代价，判断取舍，做出最优让步。

### 明确方向

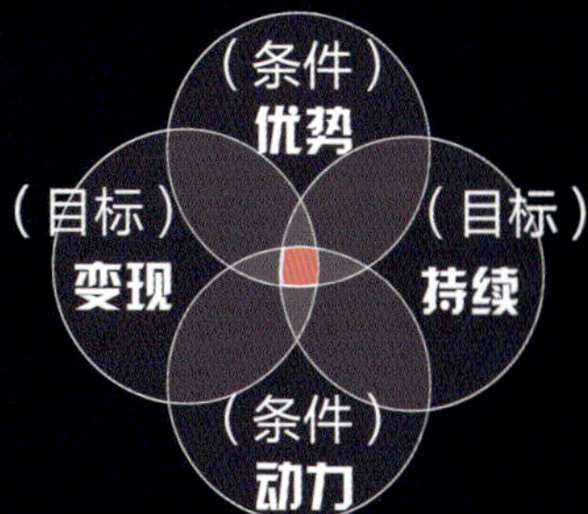


在集合内罗列行为，集合相交。筛选排除，最终找到定位/方向。

**使用技巧**

条件和目标是反映客观与主观相互统一关系的一对哲学范畴。找到围绕课题的条件和目标，对二者进行拆解，可得到集合属性。

# 总观效应

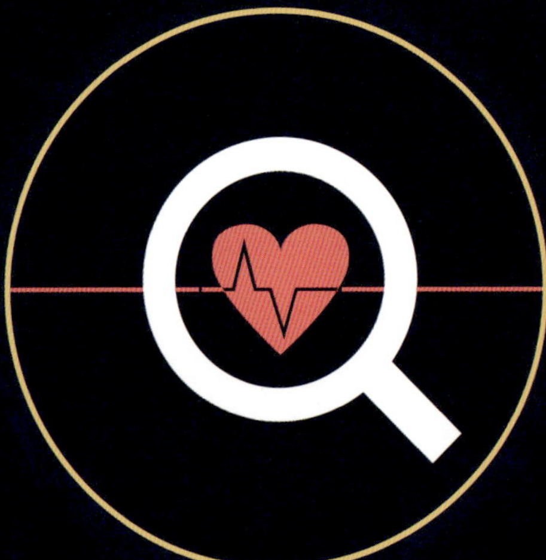

Model In Circle

# 总观效应

总观效应：宇航员在太空航行时，观看地球产生的人类如此渺小、纷争没有意义的感慨。

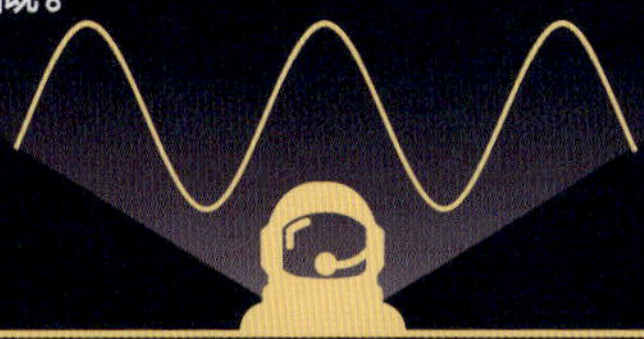

我们很多人不是宇航员，不会产生特定条件下的这种强烈感慨，但仍然可以在其他特定情境中，产生类似的认知转变和存在感受。

看纪录片　　登高望远　　仰望星空

## 总观效应可以让人戒骄戒躁

把时间拉长、把空间拉大，可以让较大的心理波折回归平静。

**不以物喜　不以己悲**

空间拉大一些……
“看，像你这样的人很多！”

时间拉远一些……
“人生几十年呢，现在算啥！”

**方法**

一个人拥有豁达的心胸都是

**主动创造环境**
**触发临时的总观效应**

看海　爬山　读史书　看城市夜景

有了“总观”后产生的变化

**增加自我经历**
**形成长期的总观效应**

多感受　多见识　多历练　了解别人的故事

# 费曼学习法

Model In Circle

# 费曼学习法

Concept 概念 | **Teach 传授** | Review 回顾 | Simplify 简化

Key ▼ Point

## 教别人 让他懂

我通过思考怎么让你懂，来变相让自己真的懂，更加懂。

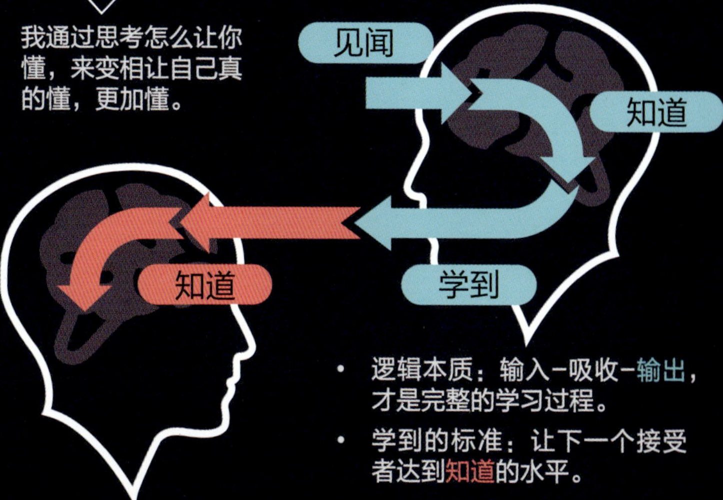


- 逻辑本质：输入－吸收－输出，才是完整的学习过程。
- 学到的标准：让下一个接受者达到知道的水平。

为什么教人的学习效果最好？因为它需要……

# ADDIE教学设计

Model In Circle

# ADDIE教学设计

ADDIE表达了课程的开发路径，是一套课程开发方法。

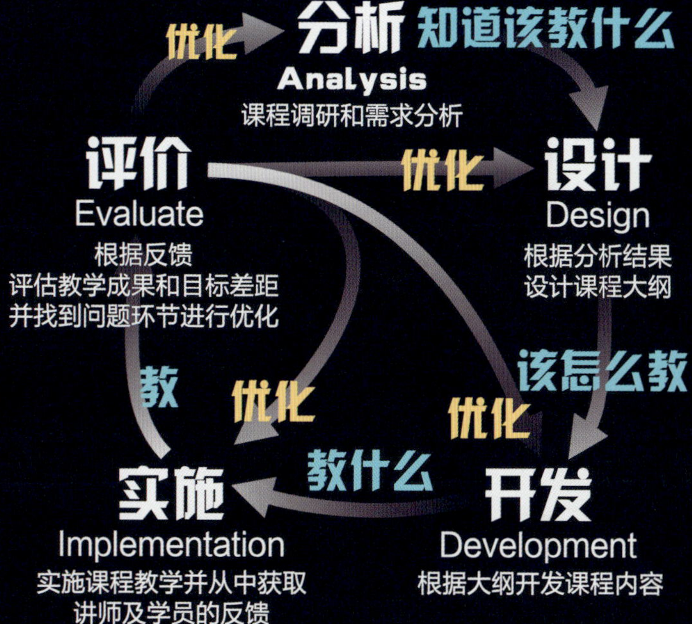


ADDIE是课程开发的一种基本思维路径，尽管一些人表示它在当今培训业内显得没有效率，但它仍然是一个值得掌握的稳定开发逻辑。

---

本思维不局限于开发课程，也适用于很多其他开发类场景。

# TTT演练

Model In Circle

# TTT演练

Training the Trainer to Train是国际职业训练协会（IPTA）的培训师认证课程。这是关于让培训师知道如何培训学员的培训，即指导培训师如何培训的培训、面向培训师的培训，简而言之：

## 培训培训师

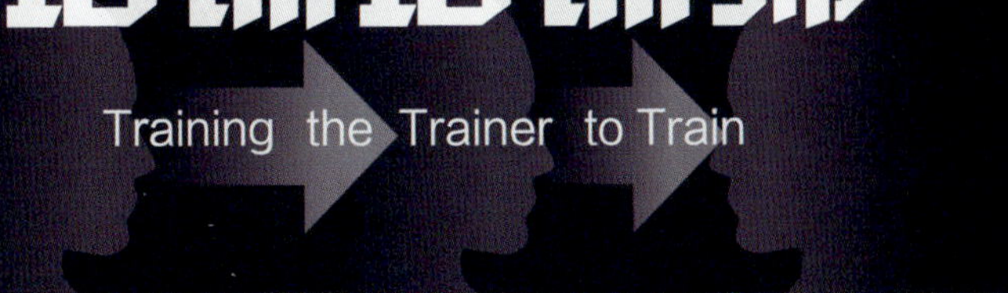


## 三人行，必有我师→三人行，我必为师

**Teaching the Teacher to Teach**

每个人都有值得学习的地方，相应地，自己也有值得被学的地方。
当你认为你的经验应该被分享时，就可以考虑如何提升分享的效果。

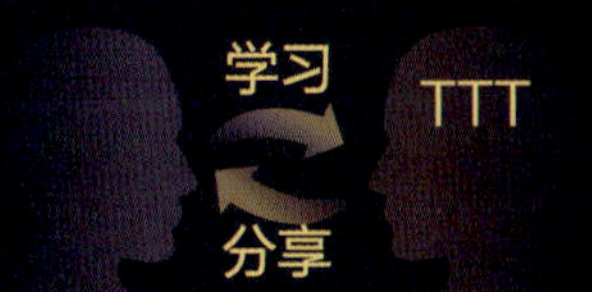


**TTT思维：是检查知识/经验分享/培训效果的思维观念。它可以帮助人们反观自身传道授业的表达/行为方式，以发现知识分享效果的优化空间。**

常用的分享/培训优化方向

TTT是一个培训范畴的基本概念，只表达如何培训培训师，概念本身并不包含其他培训方法。具体如何“T”课，还需要其他思维模型的支持和填充。TTT思维也只是一个观念，意在提醒自己多注重自己的分享方式，以优化出更好的分享效果。具体选择什么方法和标准，则是另外一个范畴的事了。

# 加涅九大教学事件

Model In Circle

# 加涅九大教学事件

这是罗伯特·加涅在深入研究教育的心理学之后，提出的一种高效的教学方法。该方法使教学活动与学习者的学习心理过程相匹配，以此加强学习者的学习效果。

| | | | |
|---|---|---|---|
| 铺垫期 | (1)引起注意<br>老师开门<br>打开师生教学通路 | (2)表明目标<br>让学生先看终点<br>明确方向和达成标准 | (3)回忆已知<br>让学生回看起点<br>以此为基 链接新知 |
| 教授期 | (4)呈现内容<br>老师传授知识的过程<br>材料为介 师生互动 | (5)提供指导<br>让学生半独立完成<br>辅导学生完成作业 | (6)引导行为<br>让学生完成后表达收获<br>让内在收获外显 |
| 复习期 | (7)给予反馈<br>老师再次强化所传授的知识<br>表现正确 回馈肯定 | (8)评价结果<br>让学生独立完成<br>布置作业<br>检查掌握情况 | (9)保持与迁移<br>让学生巩固知识并延展<br>内在收获 让其外显 |

以学生吸收知识的过程为出发点，强化师生互动，帮培训师/教师/讲师组织完善的教学活动。这是新人必备教学技能，也可作为TTT思维的一套方法论。

# 沉没成本

Model In Circle

# 沉没成本

沉没成本（Sunk Cost），人们是否继续一件事，会看过去有过多少投入。这些已经发生的不可收回的付出，被称为沉没成本。

投入了的感情　　刚交过的学费　　装修完的饭馆

## 行百里半九十／一条道走到黑

面对沉没成本，人们常会产生两个极端心理反应：

**1. 保守：暂时没有效益产出而不敢持续投入。**

| 相处不久，因为一个小误会，就觉得人不合适。 | 学习技能，没看到长进，就决定不再浪费时间。 | 经营一个饭馆，前期没看到收益，就开始止损。 |
|---|---|---|

**2. 冒进：过分眷恋沉没成本，继续投入造成更大亏损。**

| 明明彼此不合适，但已投入感情，不舍得放手。 | 时代变了，怕多年技术白学了，继续低效操作。 | 项目亏损很久，但因为经营多年，继续苦撑。 |
|---|---|---|

## 导致极端心理的原因

| 过多关注自己 | 不愿面对现实 | 处理能力不足 |
|---|---|---|

**船坏了已经修了一些要不要继续？**

1.不看这船陪我多年

2.要看这船问题在哪儿

3.能修就修不能则弃

没能力还继续修它将沉没

**马上要沉了！**

**能走到终点！**

判断前面的维修有作用并有能力继续修好它它将不会沉没

**是否为沉没成本要看它对未来的作用**

Model In Circle

# 机会成本

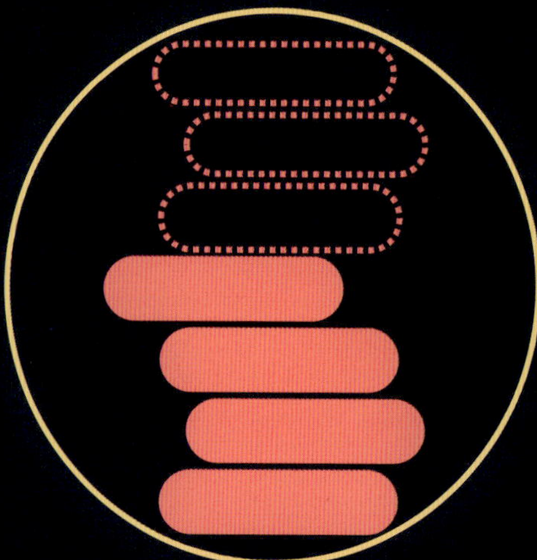

Model In Circle

# 机会成本

机会成本(Opportunity Cost)，某个事物的机会成本，是指为了得到这个东西所放弃的东西。——经济学家 格里高利 · 曼昆

企业经营某项业务，所放弃的是另一些业务机会中收益最大的。
个人获得某种收入，所放弃的是另一些收入选项中收入最多的。
在做出某种选择时，所放弃的是另一些选择中预期价值最高的。

被放弃的单项或多项选项中价值最大的那个就是机会成本。

**实际收益？机会成本** 人们犹犹豫豫，不敢放弃或难以选择，是因为陷入了机会成本**误判**，对机会成本的把握不清晰。

**误判1–成本评估过低**
当下选择看似只耽误了一段时间，但实际对所放弃的选项有更深远的影响。

**关键时刻请假的损失**
一天的工资 ✗
晋升的机会
全勤的奖励
团队的信任……

**误判2–成本评估过高**
选择一项后，所放弃的多种选择往往被加在一起讨论和计算。

**周末郊游的损失**
迪士尼 兵马俑 ✗
故宫 ✓

**误判3–机会评估失调**
计算成本时，只计算损失收益，不考虑发生概率。

**因某事没买彩票的损失**
500万元？✗ 500万元 × 中奖概率 ✓

心存机会成本观念，让实际收益 > 机会成本，才是正确的选择。

**机会成本计算公式** **收益10元 × 99% > 收益1000元 × 0.1%**
**很有可能的“小” 往往大于 很不可能的“大”**

# 马太效应

Model In Circle

# 马太效应

**凡有的，还要加倍给他，叫他多余；没有的，连他所有的，也要夺过来。**

——《新约·马太福音》

马太效应无处不在，平衡被打破后，如果不做人为干预，会加剧不平衡，甚至崩塌。

**好的更好，坏的更坏**
**多的更多，少的更少**
**强的更强，弱的更弱**
**富的更富，穷的更穷**

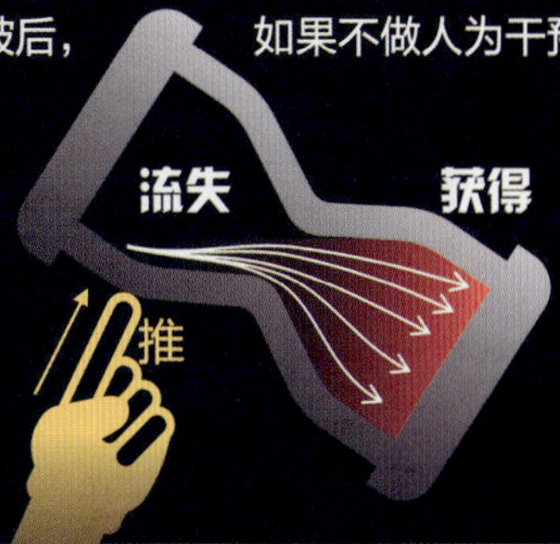


**好、多、强、富，是马太效应的原因，但进一步追溯，它也可能是被上一轮马太效应造就的结果。**

在个人成长方面如何造就这样的结果，以摆脱自己在马太效应中的被动局面，占有下一次马太效应的主动地位？

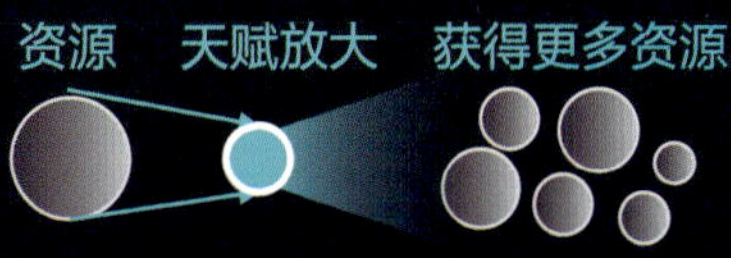


**step1 发掘强项：**
剖析自己的天赋和喜好，在喜好的加持下，开发新优势。

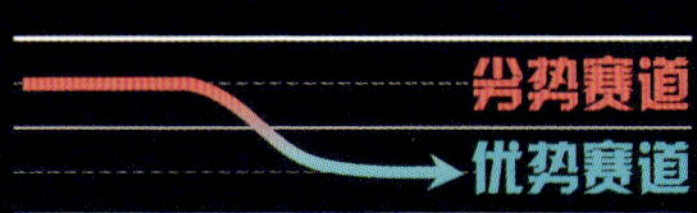


**step2 切换赛道：**
不纠结弱势赛场上的竞争，而在新的优势赛道上吸收经验。

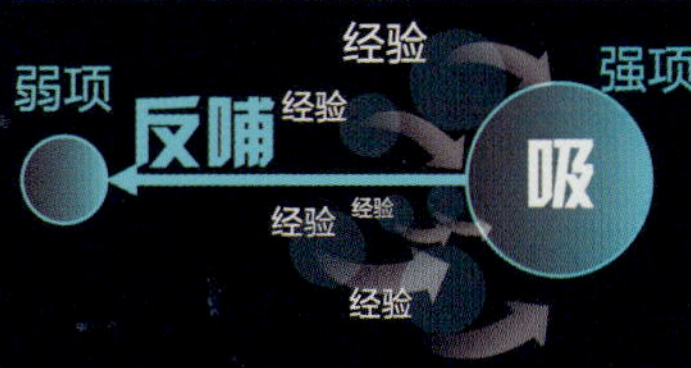


**step3 反哺弱项：**
可以用通过强项收获的经验去理解和学习不擅长的领域。

# 励志公式辩证

$$1\times1.01^{365}$$

$$1\times0.99^{365}$$

Model In Circle

# 励志公式辩证

$$1\times1.01^{365}\approx37.78$$

每天进步百分之一，一年后会强大37倍

$$1\times0.99^{365}\approx0.025$$

每天退步百分之一，一年后就几近于无

*但过度迷信和宣传此公式的结果，也会让人放大不切实际的焦虑。*

人不能每天进步或退步，
大部分都处于时进时退。

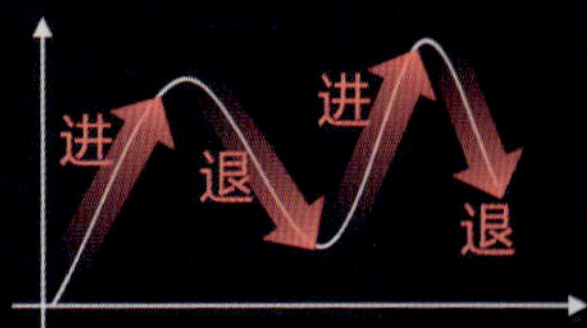


人不能处处进步或退步，
因为专注/放弃某个方面，
会让此进彼退/此退彼进。

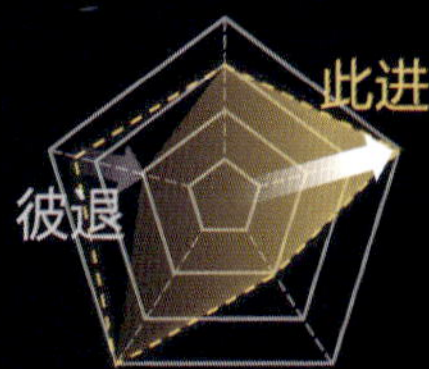


人不能稳定进步，
逼近极限后，进步1%很难，
稍有懈怠时，退步10%常现。

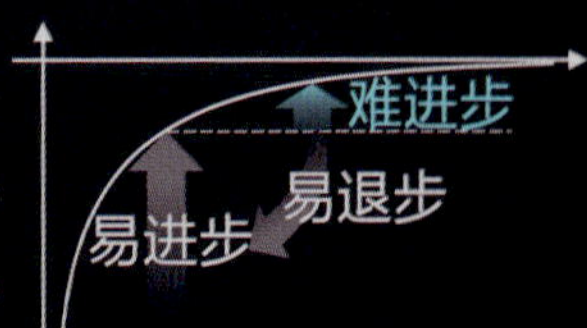


只需理解模型表达的道理，不要沉迷公式的结果，
否则会掉入“鸡汤”陷阱；
会因为偶有懈怠而过度焦虑，
会因为坚持一年后进步不如预期而灰心，
而这都不是励志公式所想表达的本意。

# 头脑风暴法

Model In Circle

# 头脑风暴法

# BRAIN-STORMING

头脑风暴法是在正常、融洽和不受任何限制的气氛中以会议形式进行讨论、座谈，打破常规，积极思考，畅所欲言，从而激发新想法。

**好处** 避免好想法因屈于权威/大多数人意见，而被埋没。

**威力** 群策群力会融合/催化出平时不容易想到的新点子。

**筹备阶段**
明确人员和发散课题

**风暴阶段**
大胆、不设限、想法接力

**整理阶段**
把想法分为现实的和幻想的

**现实想法**
将可行方案补充为可落实的

**幻想想法**
再次风暴，尝试将其变得可行

## 风暴阶段 四大原则

**风暴期间不否定任何人的任何想法**

**风暴期间不对想法做可能性限制**

**要清楚想法的数量比质量更重要**

**风暴后再整理想法回归现实**

头脑风暴法适用于人们追求事物创新、突破思维禁锢，用处广泛，在各行各业都很受用。

# 奥斯本检核表

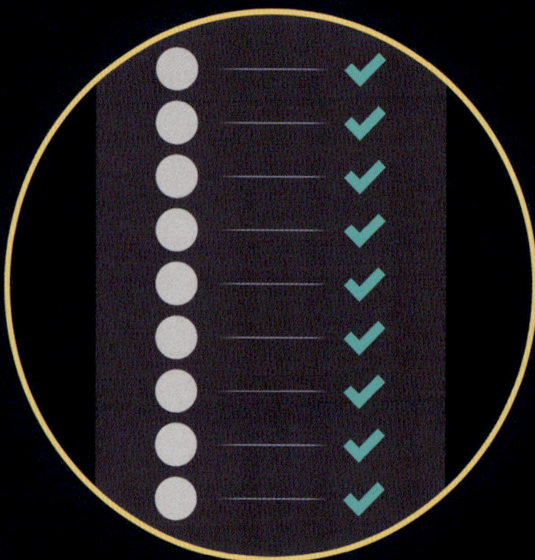

# 奥斯本检核表

奥斯本检核表法是一种产生创意的方法。

奥斯本检核表中有 9 个问题。我们可以通过对研究对象进行提问，产生新信息、新设想。该方法适用于各种领域/行业/类型和场合中的思考、创造。

## ① 能否向外迁移？ 举一反三

它还能有啥用？不定义它是什么，只看它能解决什么问题

## ② 能否向内借鉴？ 他山之石

其他领域的优秀经验/案例/产品/角色/想法，可供借鉴和模仿的

## ③ 能否改变属性？ 脱胎换骨

形状/颜色/声音/味道/材料/触感/温度/版式/轨迹/状态……

## ④ 能否放大？ 积土成山

放大体积、延长时间、增加长度/强度/宽度/速度/厚度/浓度……

## ⑤ 能否缩小？ 短小精悍

缩小体积/缩小尺寸/减轻重量/浓缩/变薄/省略/分割/隐藏……

## ⑥ 能否被代替？ 移花接木

由其他部件、别人、别的材料/系统/方法/工艺/能源……代替

## ⑦ 能否局部转换？ 穿插交错

不改变现状的情况下，内部转换顺序/位置/功能分区/摆放布局

## ⑧ 能否整体颠倒？ 阴阳易位

上下颠倒、左右翻转、前后/里外/反正/深浅/高低调转……

## ⑨ 能否相互组合？ 合而为一

手段组合/思路组合/零件组合/目标组合/节点关联/系统化

奥斯本检核表被誉为**创造技法之母**

很多创造技法都是在**创造技法之母**的基础上开发出来的。时常运用该检核表法，可使我们的思路开阔，使创造可能性激增，也可搭配头脑风暴法使用。

Model In Circle

# 心理账户

Model In Circle

# 心理账户

行为科学教授理查德·塞勒指出：
人们把金钱的支出/收入，在心理上划分到不同的账户，是人们对经济行为进行编辑、分类、预算及评估的过程。

**影响：由于心理账户的存在，往往会算不明白账，做出非理性决策。**

## 五种心理账户差异

生活开支
温饱开支
娱乐开支
关系维护
投资未来
意外收入
风险规避
劳动收入
整钱账户
零钱账户

### 1.来源差异：1000元收入来源

辛苦赚来的→工作所得账户→不舍得花
红包收来的→意外收入账户→舍得花

### 2.状况差异：1000元领带支出

超预算→日常穿戴账户→平时不舍得买
预算内→投资未来账户→面试前必须买

### 3.用途差异：万元高性能电脑

太贵→娱乐性设备账户→不买
不贵→生产力工具账户→得买

### 4.规划差异：劳动所得收入

收入100元→零花钱账户→都花掉，享受享受
收入10000元→储蓄账户→ 1分不花，存银行

### 5.观念差异：可能有1000元收入

得到就是应得→已收入心理账户→没得到就是损失
得到就是惊喜→未收入心理账户→没得到也没关系

**营销价值：切换目标客群心理账户/开支用途，让人舍得支出。**
a）产品不是产品，是心情/精神/身份/孝心/社交货币/生活理念……
b）现在消费=投资未来；一次消费，终身获益。

**生活价值：主观切换心理账户，重新看待收入/支出，有所积累。**
a）想想意外收入相当于多少劳动收入，珍惜所得。
b）想想表面A支出实际上是否是B支出，谨慎消费。

**情绪价值：清楚未得、应得、已得的差异，保持乐观，减少痛苦。**
这本来就不是我的，算不上失去/吃亏。

# 大道至简

Model In Circle

# 大道至简

**基本解释** 世间的基本原理，往往非常简单，没那么复杂。

**理解门槛** 这些原理往往依赖个人积淀的大量经历或需要大量的文字、语言详细阐述才能让人深刻理解。

**模型之道**

思维模型可以将经验、认知、方法、知识简化成基本原理。把一个需要用大量文字才能表述清楚的道理用一个可视结构呈现，有时甚至一个符号就可以。

只求至简 未必得道

当我们对那些思维模型了如指掌之后，它便化为更简单、更难以描述的存在，成为我们自己的智慧。然而处处追求简化并不是“速成”大道的捷径。

**切勿追求大道至简的简 而忽略大道至简的至**

## 大道至简

一为极点 二为到达

大道之道不是直达简单，而是归于简单，归于简单的源头是复杂。

## 为学日益 为道日损

——《道德经》

先学习经历有增益　后化繁为简以求道

先做加法才能做减法

简单 + 简单 = 简单　复杂 → 简单 = 智慧

→ 这样才能在万变的世界中找到那个不离其宗的简。

# 写在后面

方法套路千千万，优秀思维讲不完。本书也只是“弱水三千，只取一瓢”。就目前这 100 个思维模型，若想每一个都信手拈来，对很多人来说也绝非易事，这当然也包括我。

查理 · 芒格曾说过一句话，大意是：如果一个人掌握 80~90 个思维模型，他就能够解决 90% 的问题，而这些模型里面非常重要的只有几个。

按照我的理解，这句话包含了三点信息：

第一，查理 · 芒格的脑子里有 100 个思维模型。

第二，思维模型这东西，很有用。

第三，很多模型的思维，都相通。

这三点信息，也产生了三个可以探讨的问题。

第一，网传的查理 · 芒格的 100 个思维模型是他本人收录的吗?

我认为可能性不大。他只是说过这句话或者提到过其中一部分思维模型。我相信他的脑子里装了 100 个甚至更多的思维模型，但我并没有找到他本人给 100 个模型拉单子的确切证据。网传的各种版本的 100 个思维模型，其清单也并不一致。我觉得这些大概都是旁人整理的。但无论如何，“100 个思维模型”这个概念还是很深入人心的。

第二，思维模型真的有用吗?

它有用，但不神！很多思维模型需要在一定的理想状态下才能发挥理想的作用，而我们所面对的实际情况总是更加复杂且不停变化的。这些情况会干扰我们对这些思维模型使用的准确度。在特定范畴之内，思维有它的威力；在特定范畴之外，它也会表现出一定的局限性。因此，我说“它有用，但不神”，至少不是很多传播者吹嘘的那样。先记住它，再忘掉它；先知道它的威力，后知道它的局限。这才算掌握了它，然后才能让它有用。

# 写在后面

当然，你也需要拥有正确理解和驾驭它们的能力。这是前提。

**第三，既然很多模型的思维都相通，掌握特别重要的那几个不就行了?**

很多人也问过我类似的问题：到底是哪几个特别重要？这些问题背后的诉求都相同。想求简，求一通百通。我的答案是，没有特别重要的那几个。因为每个人所经历的成长路线、所扮演的角色、所在的领域、所处的阶段、所面临的状况各有不同，对别人重要的，对你不一定重要。年轻时和成熟时，艰苦奋斗阶段和保持领先阶段，一个人在不同时期，对他来说特别重要的思维模型也不固定。因此，重要的到底是哪几个，不一定，也不固定。我们不必在意这个问题的答案。思维相通是因为其本质相同。所以你可以从任何一个觉得很有用、易上手的思维模型开始，摸索与其他模型的相通之处。这样你会掌握它们之间的那个——比它们本身更重要的——东西。我们叫它智慧吧。

如果想明白了这三点，那么思维模型对我们来说，就不会那么陌生、僵硬、有距离感了。

我发现，到目前为止，仍然有很多人对思维模型一无所知（包括思维模型这一概念）。思维模型还需要进一步推广，才能让大家对它有所认识。我相信它一定会在不远的将来被更广泛地了解、认识、接受、掌握、使用。然而在它还不那么普及的当下，谁率先掌握并运用好思维模型，谁就会更容易超过周围的大多数人，让自己先优秀起来。

细数一下，你会发现本书有 101 个思维模型，取意有二。

百里挑一，是其一。希望你能找到对你而言最重要的思维模型，让它给你的成长带来帮助。

破百更始，是其二。学无止境，100 之后，还有很多。100 不是终点，100 只是起点。

# 写在后面

最后，感谢彼得·考夫曼的《穷查理宝典》、戴维·迈尔斯的《社会心理学》、丹尼尔·卡尼曼的《思考，快与慢》、斯科特·佩奇的《模型思维》、加布里埃尔·温伯格的《思维模型》、斯科特·普劳斯的《决策与判断》、巴巴拉·明托的《金字塔原理》等著作，还有袁园、马作宽、樊登、罗振宇、李靖（李叫兽）、吴金明、刘东明等各位老师、专家、学者，以及 MBA 智库、百度、知乎等网站及其相关资料的作者，为我创作出这部作品提供的启发。

# 圆中百知模型

（图文版）

◎圆中 著

電子工業出版社
Publishing House of Electronics Industry
北京•BEIJING

**图书在版编目（CIP）数据**

圆中百知模型 ：图文版 / 圆中著. -- 北京 ：电子工业出版社，2025. 6.（2025.12 重印）. -- ISBN 978-7-121-50504-1

Ⅰ. B804-49

中国国家版本馆 CIP 数据核字第 20251H0X33 号

责任编辑：张月萍
印　　刷：北京利丰雅高长城印刷有限公司
装　　订：北京利丰雅高长城印刷有限公司
出版发行：电子工业出版社
　　　　　北京市海淀区万寿路 173 信箱　　邮编：100036
开　　本：787×1092　1/32　　印张：6.75　字数：170 千字
版　　次：2025 年 6 月第 1 版
印　　次：2025 年 12 月第 8 次印刷
定　　价：78.00 元

凡所购买电子工业出版社图书有缺损问题，请向购买书店调换。若书店售缺，请与本社发行部联系，联系及邮购电话：（010）88254888，88258888。

质量投诉请发邮件至 zlts@phei.com.cn，盗版侵权举报请发邮件至 dbqq@phei.com.cn。

本书咨询联系方式：faq@phei.com.cn。

# 致读者

本书内容源自我的一套线上视频作品《圆中百知思维模型》。

本书是在视频的基础上进一步提炼而来的，属于干货中的干货。这可不是那些口口声声说分享干货，但半天不讲真东西的人嘴里的那个干货。对于很多人来讲，我的视频消化起来本就有些困难，所以我担心本书会直接把他们噎住。哈哈！

能有勇气选择拥有它的人，一定是认可这套知识价值的精进者，是对真干货有极强消化能力的人。

本书的价值方向在个人成长。它可提升个人在生活、工作中的认知能力、管理能力和处理问题的能力。本书遴选了包括营销、经济、心理、工业、管理、医疗、咨询、培训等多个专业领域的经典思维及思维模型，并通过透析思维本质、提炼模型要点，做相应的迁移，用以提示大家这些思维存在为己所用的可能。

所以，我并不是把别人的思维模型整理了一下，凑 100 个就完事了。在本书必要的地方，增加了我的看法和创新理解。我认为这些看法、理解很重要：

首先，它们可以多提供一个理解角度，帮助你轻松掌握某些专业领域的思维。

其次，它们可以让熟识某个思维模型的读者，在以复习的角度观看时，不那么乏味，或许还会有新收获。

# 致读者

之所以把视频内容制成图书，一是回应我的平台（账号：圆中的猫头鹰）粉丝需求，把思维模型做成实物，毕竟很多人有“实物收藏癖”，我也有，所以我理解；二是它可以随身携带，随手拿出来翻看一下，给自己一些灵感。

当你拿到这本书时，大概率地，我在自媒体平台上相对应的视频内容已经更新完了。所以各位读者，如果对本书中的内容有不懂的地方，可以在主流的自媒体平台找到我的相应的视频作品，以辅助你理解。

在这里，我也要对我的工作室小伙伴胡坤表达特别的感谢，因为在制作这本书时，自媒体平台上的视频内容并没有完成更新，有相当一部分内容都是他与我共同创作完成的。他对我完成这本书提供了很大的支持。

感谢成都道然科技有限责任公司的姚新军（@长颈鹿 27）老师，他帮我解决了很多问题，让我觉得他是非常可靠的合作伙伴。

此外，在本书的设计中，我得到了很好用的 PPT 插件——iSlide 的支持。

拥有它，学习它，享受它，并请迁移它，丰富它，创造新的它。

如果你能从本书中找到几个能帮助你成长的思维（模型），我将非常高兴。

——周鑫（@圆中）

# 目 录

# 目　录

# 目录

# 能力圈

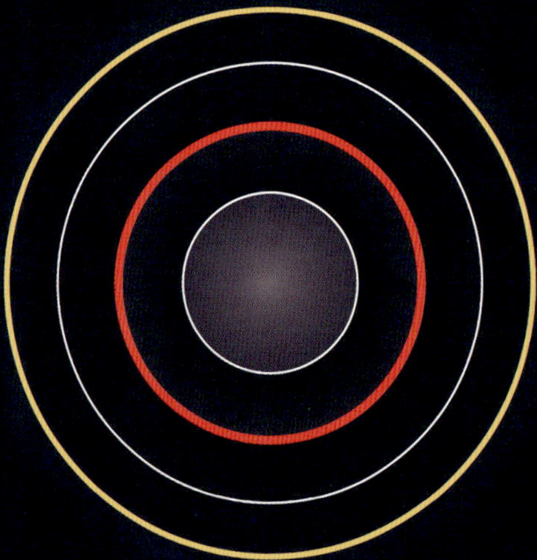

# 能力圈

① 理念：在自己的能力边界内做事更有优势。如果不知道自己的边界，做事就会有更大的意外风险。

② 边界：如何判断自己的能力边界？

| | |
| --- | --- |
| 不知道自己不知道 | 全无接触，完全未知 |
| 知道自己不知道 | 知道存在，但不了解 |
| 自以为知道自己知道 | 了解一点，以为懂了 |
| 知道自己知道 | 确实懂了 |
| 不知道自己知道 | 本能，随时激活 |

边界所在位置：

在自以为知道自己知道与知道自己知道之间。关键的地方在于需要多用实践来考查自己所掌握的知识，来判定自己是否处在自以为知道自己知道的迷雾区。

③ 扩大能力圈的办法：

① 谨慎反思，巩固学习，把 自以为自己知道的 变成 自己真正知道的；

② 多想多做，多多实践，把 知道自己不知道的 变成 知道自己知道的；

③ 多好奇，去探索，把 不知道自己不知道的 变成 知道自己不知道的。

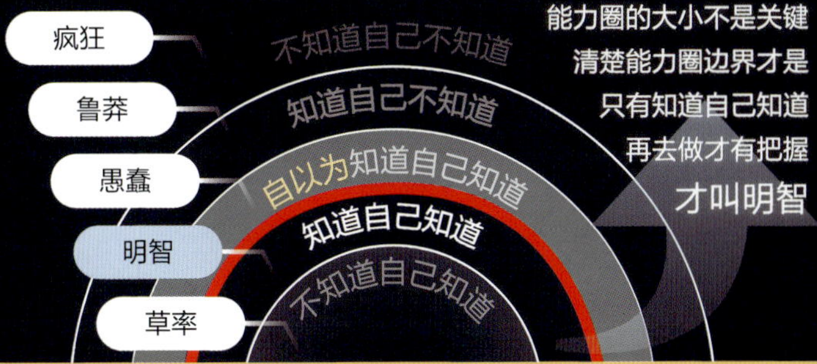


了解自己的能力边界 比扩大能力圈更重要

# 合取谬误

Model In Circle

# 合取谬误

如果两个合取项组成的合取事件的概率估计，大于或等于每个合取项的概率估计，那么就会产生合取谬误。

$$P(A \cap B) \geqslant P(A) \text{ 或 } P(B)$$

如果连续做5件有9成把握的事，那么人们通常就会认为总体成功率很高，这时对事态的预估就出现了合取谬误。

**真实成功率** $0.9 \times 0.9 \times 0.9 \times 0.9 \times 0.9 \approx 0.59$

**我们总是高估很多事情出现的可能性，同时又会低估另一些事情背后的风险。**

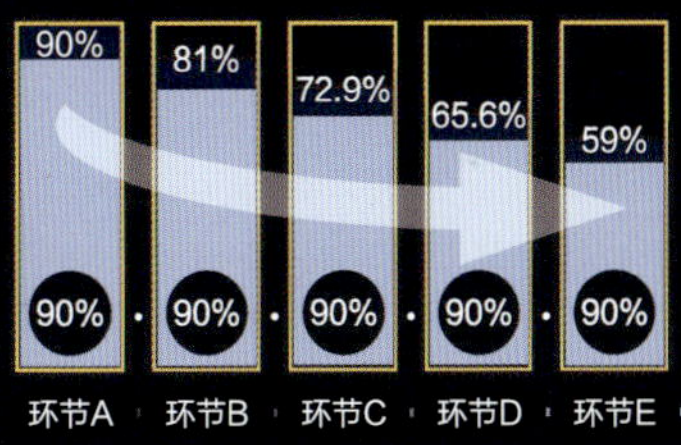


## 持续性的工作

- 连续作业更容易出错
- 干得多会出错很正常
- 勿累积计算个人失误

**不出错就很精彩**

## 放大到人生这件事

- 人的一生是最大的合取事件，一生不出错很难。

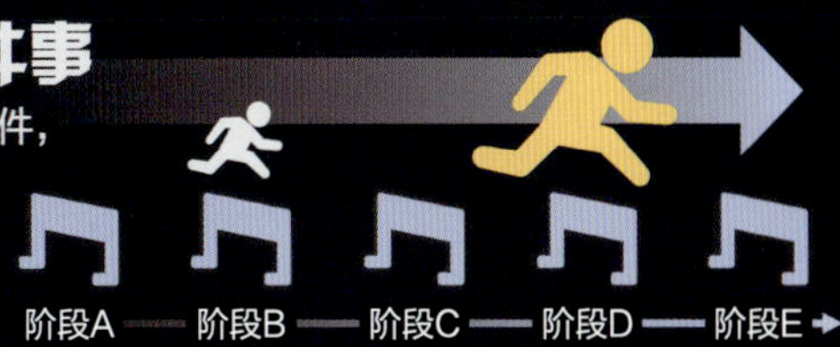


## 平凡也是伟大

珍惜现在拥有的，感谢依然坚持的，反思身边被忽略的合取事件，未来的我们，会比我们所期望的更好。

**引申→墨菲定律：只要有出错的可能，就一定会出错。**

做多错多，墨菲定律也属于对合取现象的一种解释。

# 中间态放松

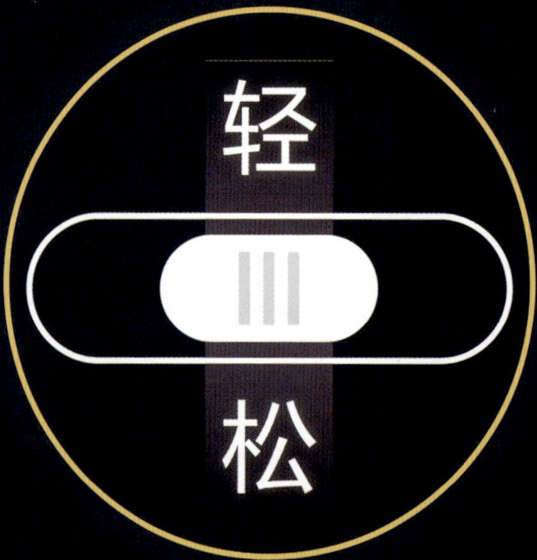




Model In Circle

# 中间态放松

① 什么时候疲惫/累?

| 工作久了 | 书看久了 | 课上久了 |
| --- | --- | --- |
| 运动久了 | 蹲久了 | 站久了 |
| 坐久了 | 躺久了 | 游戏玩久了 |

② 什么时候轻松?

| 工作之后休息 | 放下书 | 下课 |
| --- | --- | --- |
| 运动久了停下来 | 蹲久了站起来 | 站久了坐下来 |
| 坐久了躺下来 | 躺久了动起来 | 放下手机出门 |

进入状态A初期
不会觉得疲惫
长期处于状态A
才会越来越疲惫
包括休息状态

摆脱状态A滑向状态B
摆脱状态B滑向状态A
经过的中间地带是轻松的感觉
轻松感不稳定
需要摆脱上一个状态才能唤醒

进入状态B初期
不会觉得疲惫
长期处于状态B
才会越来越疲惫
包括游戏和娱乐

③ 发现：轻松不与劳作、运动相对，也不等于静止与休息。

④ 本质：轻松，是一种区间型状态，是摆脱上一个长期不变的状态，切换到下一个状态的过程中所获得的一种感受。摆脱一种常态，人就会感到轻松，包括摆脱懒惰。

⑤ 提醒：**多次切换到不同事情反而轻松**
**停留在一个状态懒惰反而更累**

Model In Circle

# 销售漏斗

Model In Circle

# 销售漏斗

① 概念：是科学反映机会状态与销售效率的管理模型。通过图形方式展现客户资源从潜在阶段，发展到意向阶段、谈判阶段和成交阶段的比例关系。因为图形会呈现漏斗形状，所以叫销售漏斗。

② 优势：销售漏斗可以更清晰地展现销售行为，梳理逻辑，更容易找寻问题环节。通过实施有针对性的解决办法，破除问题环节的障碍与瓶颈，加大向下开口，实现最终销售结果的提升。

③ 本质：销售漏斗本质上属于管线思维的筛选逻辑，所以模型并不局限于销售领域。只要符合管线筛选逻辑，在其他领域中也可尝试。例如，提升产品合格率、进行人才培养、找对象等。

④ 举例：总是找不到对象的反思。

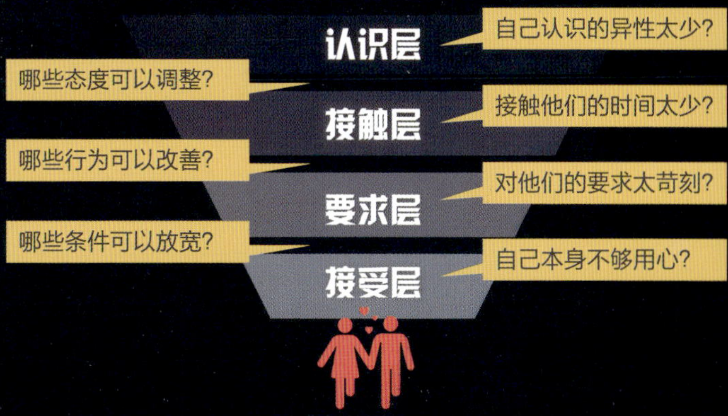

# 达克效应

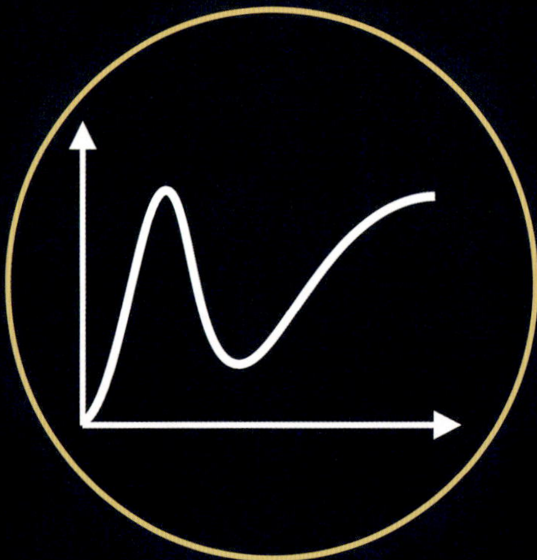



Model In Circle

# 达克效应

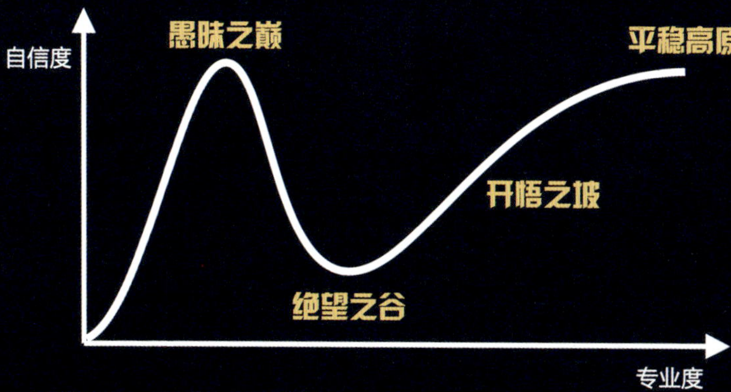


## 邓宁-克鲁格效应

简称达克效应，指能力不足的人，反而更自信，不仅认识不到自己的不足，同时还低估他人的能力，是一种认知偏差。

## 达克效应下的四种表现

① 能力差的人通常会高估自己的技能水准；

② 能力差的人不能正确认识其他真正有此技能的人的水准；

③ 能力差的人无法认知且正视自身的不足及不足的程度；

④ 如果他们提高了能力，会认知到且能承认他们之前的无能。

## 如何避免

① 多听劝：当别人告诉你这件事很困难时，要优先选择相信；

② 别嚣张：当你觉得一项技术很容易时，去看看别人的水平；

③ 闭上嘴：如果你还是觉得很简单，那也别急着表达优越感；

④ 迈开腿：让这种简单多跑一段时间，体验一下它的后劲儿。

**用行动的尺度 体验成长的难度**

# 马斯洛需求层次

Model In Circle